现代化学专著系列

液晶离聚物

张宝砚　著

科学出版社
北　京

内 容 简 介

本书介绍了近20年来阳离子液晶离聚物和阴离子液晶离聚物的研究成果和最新进展。包括液晶离聚物的合成、表征方法，不同离子类型及浓度与液晶性能的关系，液晶离聚物在非共价键配合物、聚合物的共混与复合材料中的应用。全书共分6章：绪论、含磺酸基的液晶离聚物、含羧基的液晶离聚物、含铵基的液晶离聚物、非共价键配合物、含液晶离聚物的共混体系及其复合材料。

本书适合于液晶科学、高分子材料科学与工程等领域的科研工作者使用，也可以作为高等院校高年级学生及研究生的教材或参考书使用。

图书在版编目(CIP)数据

液晶离聚物 / 张宝砚著. —北京：科学出版社，2009
(现代化学专著系列)
ISBN 978-7-03-023830-6

Ⅰ. 液… Ⅱ. 张… Ⅲ. 液晶-研究 Ⅳ. O753

中国版本图书馆CIP数据核字(2008)第210789号

责任编辑：黄 海 / 责任校对：鲁 素
责任印制：张 伟 / 封面设计：铭轩堂

科 学 出 版 社 出版
北京东黄城根北街16号
邮政编码：100717
http://www.sciencep.com
北京九州迅驰传媒文化有限公司 印刷
科学出版社发行 各地新华书店经销
*
2009年1月第 一 版 开本：B5(720×1000)
2017年3月第二次印刷 印张：9 3/4 插页：4
字数：189 000

定价：80.00元

(如有印装质量问题，我社负责调换)

前　言

液晶离聚物是指带有离子的液晶聚合物，它具有液晶的取向序和位置序、离子的增容性和配位性等特点，兼具高分子、液晶和离子的性质。液晶离聚物既可以作为新型的高分子材料单独使用，也可以作为非共价键配合物、聚合物共混物和复合材料的新型助剂，还将在压电、光变、导电材料等领域发挥重要作用。

对液晶离聚物的研究起步于20世纪90年代前后，美国、日本、中国、欧洲等国家和地区的科学家先后进行了合成研究。日本的学者对铵基液晶离聚物的研究做了较多报道；羧基液晶离聚物报道较早，研究较深入；由于磺酸基极性较强，合成难度较大，研究始于1988年，而深入研究是在20世纪90年代。在含磺酸基的侧链离聚物的制备与共混研究方面，我国学者做出了突出贡献。

本书的写作始于2002年，目的是介绍液晶离聚物这一新的科研领域。鉴于有些数据尚不完善，表征方法尚需探索，理论研究也不够深入，因此迟迟未能定稿。目前，尽管研究仍在进行，我们愿意将已有的成果与大家共享，期待这一新的领域在广大同仁的共同努力下发展得更快、更好。

全书共分6章，在第1章绪论中，主要介绍了液晶离聚物的分类等基本概念和液晶离聚物的发展史。第2章为含磺酸基的液晶离聚物，创新内容多，介绍了典型的主链液晶离聚物和侧链液晶离聚物的合成，详细讨论了热性能及离子对液晶区间和性能等的影响。第3章为含羧基的液晶离聚物，主要讨论羧基及其盐对液晶离聚物性能的影响。第4章为铵基液晶离聚物，讨论了分子设计与合成、液晶性能与铵基在链中所处位置的关系等。第5章为非共价键配合物，讨论了通过不同配位分子及不同配位形式形成的非共价键配合物和超分子液晶。第6章为含液晶离聚物的共混体系及其复合材料，重点讨论了科学界关注的极性与非极性聚合物的界面增容问题及不同类型液晶离聚物对共混体系及复合材料性能的改善，展示了液晶离聚物的重要作用和应用前景。

本书参考了国内外的诸多文献，其中国内学者的工作，特别是作者所在课题组的工作占较大的比重。本书编写过程中得到了课题组老师的很多帮助，李凤红、徐新宇、王建华、席曼等博士生做了大量工作；在陈寿羲研究员和殷敬华研究员等专家的大力推荐及科学出版社的大力帮助下，本书才得以出版，在此一并致谢。

由于液晶离聚物研究尚处于发展阶段，加之作者水平有限，在内容和文字处理上的不当之处，敬请广大读者不吝指正。

目　录

第1章 绪　论

1.1 液晶离聚物的发展史

液晶离子型聚合物(liquid crystalline ionomer,LCI,简称液晶离聚物)是一类带有离子,并具有液晶性质的聚合物。它兼有聚合液晶和离聚物的优良性能,也是一类新型聚合物表面活性剂。它是在液晶聚合物和离聚物的基础上发展起来的。因此,在讨论液晶离聚物之前让我们简要介绍一下液晶聚合物和离聚物的发展过程与现状。

液晶(liquid crystal)是 1888 年奥地利植物学家 Reinitzer[1] 在观察胆甾醇苯甲酸酯时首次发现的。固态胆甾醇苯甲酸酯在 145.5 ℃熔化成浑浊的液体,继续加热到 178.5 ℃变成透明的液体。随后德国著名物理学家 Lehmann[2] 对一系列有机化合物进行了系统研究,发现许多有机化合物具有与胆甾醇苯甲酸酯类似的性质。他指出,浑浊的云雾状液体中间相既具有液体的流动性,又具有类似晶体的结构,取名液态晶体,创造了“液晶”这个名词。液晶是在一定温度下其性质介于各向同性的液体和完全有序的晶体之间的一种类似晶体且取向有序的物质,它缺少晶体的位置序。由于两位科学家的卓越贡献,Reinitzer 和 Lehmann 被称为“液晶科学之父”。

在 20 世纪的前 30 年,德国和法国的科学家对液晶的发展做了主要贡献。20 世纪 20 年代初,Vorländer 等[3] 开展了系统的合成工作,对许多新合成的液晶化合物的研究表明,液晶分子结构呈线型。另一名早期的杰出研究者 Friedel[4] 对液晶织构的研究做出了卓越贡献,在 1922 年解释了液晶织构的分子排列。他把介于晶体和各向同性之间的液体称作中间相或中介相,液晶按结构类型分为三类:第一类为向列型(nematic),第二类为胆甾型(cholesteric),第三类为近晶型(smectic),但是他把胆甾型也归属于向列型。1949 年,Onsager[5] 指出在长棒状分子中分子排斥力占优势。在 20 世纪 60 年代后,van der Waals 理论在液晶理论中得到发展。

20 世纪 60 年代,液晶在光电显示技术中得到应用,这大大刺激了液晶技术在世界范围内的发展,是液晶材料应用与研究的里程碑。

1923 年 Vorländer 就意识到存在着液晶聚合物[3,6]。Bawden 和 Pirie[7] 于 1937 年发现烟草溶液中存在液晶,证实了液晶聚合物存在于自然界中。首次合成的是溶致液晶聚合物[4,5,7] poly(r-benzyl-L-glutamate)。此后,Flory[8] 提出了液晶相的分子结构模型和几何构型(anisotropy,rigidty,linearity,planarity)。根据该分子模型,1965年DuPont公司成功地合成了溶致液晶,商品名为Kevlar。到了20世纪70年代,多种具有良好性能的液晶聚合物被合成出来。热致变的主链液晶聚合物具有很高的机械性能,无论在研究领域还是工业领域,在过去的30年中都取得了迅速进展。经过一百多年的发展历程,迄今为止液晶已发展成为庞大的家族,有几万种不同的液晶及液晶聚合物。

离聚物是一类大分子链上带有不大于15%(摩尔分数)的可离子化基团的高分子材料,多以乙烯、苯乙烯、丁二烯、丙烯酸酯类的聚合物及聚氨酯等为骨架链,所包含的离子基团主要为羧基和磺酸基,阳离子为K^+、Na^+、Ba^{2+}、Zn^{2+}、Mg^{2+}、Cs^+等。

早在20世纪50年代,Coodrich就首先获得了具有良好抗张强度的丁二烯-丙烯酸酯-丙烯酸弹性共聚体类离聚物。1952年,DuPont公司通过氯磺化聚乙烯,并用各种金属氧化物对其进行适当的处理,获得了一类基于离子相互作用和非共价键交联的、具有商业应用价值的弹性体,商品名为Hypalon。20世纪60年代中期,DuPont公司又生产出用钠或锌离子部分中和的乙烯-甲基丙烯酸共聚体,商品名为Surlny。这些材料与传统的聚乙烯相比,具有更好的透明性和抗张强度。

根据离聚物中的离子基团引入方式的不同,通常将离聚物的制备方法分为两种:一是共聚合,即把含有可离子化官能团(如羧基)的单体与其他单体共聚合;二是将聚合物分子直接官能团化,即用化学方法使非离子聚合物改性成为部分离子化的高分子材料,此法多用于制备含磺酸基的离聚物。

磺酸离聚物是一类在大分子链上带有磺酸基团的聚合物。早在20世纪60年代初,美国GE公司就已研制出以磺化聚苯乙烯为质子交换膜的PEMFC,但由于其在电化学条件下稳定性差等原因而遭摒弃。后来为提高磺化聚苯乙烯类聚合物的稳定性,加拿大Ballard公司[9]对磺化的聚苯乙烯离子交换膜进行了改进,用三氟苯乙烯与烷基取代的三氟苯乙烯共聚制得共聚物,再经磺化得到系列膜,但它的确切化学组成和本征性能未见公开报道。近年来美国用丙烯酸丁酯-苯乙烯磺酸钠盐或钾盐在无乳化剂条件下制成磺酸型离聚物乳液。

离聚物以其独特的性质可广泛应用于:①塑料工业中的分散剂、偶联剂、加工助剂[10]和增容剂[11];②胶黏剂和涂料[12];③环保材料;④导电材料[13]。近年来,随着离聚物合成技术的发展,对离聚物的研究不断深入,应用范围也不断扩大,在阳离子染料、酸性染料、液晶离聚物、特殊膜、增强材料、记忆性材料、体育用品、抗菌材料、生物药剂等各个方面都有广泛的应用。离聚物是一种理论价值和应用价值都很高的高分子材料。随着人们对离聚物的认识日趋深入,必将开辟出更多的与其特点相适应的新的应用领域。

在聚合物共混物的研究中发现,液晶聚合物中液晶刚性基元的存在,在共混体系中起到了微纤增强作用,同时大大改善了加工性能、降低了加工温度和熔体黏度。由于光滑的刚棒液晶基元,使其横向性能较差,导致界面分离,于是人们想到把离聚物作为增容剂与其共混,以解决相分离问题;有人尝试把离聚物、液晶聚合物和其他聚合物共混,虽然取得一定的效果[8],但往往是三元或四元共混,各组分在性能上差别通常较大,给工艺路线的设计、操作以及成本上带来一定的负面影响。因此有人提出在液晶中增加极性基团,改善其横向性能。其中解决方案之一就是在液晶聚合物中引入离子基团,如磺酸基、羧基、铵基等,使其既具有离聚物的特性,又具有液晶聚合物的特性,把离聚物的性能和液晶聚合物的优秀性能合二为一。

含磺酸基团的液晶离聚物的首次简要报道于 1988 年,美国科学家 Salamone[14] 报道了主链带有悬链磺酸离子的液晶离聚物。由于强极性的磺酸离子基团与极性很弱的液晶基团共聚较难,特别是侧链带磺酸离子的与液晶基团共聚难度更大,因而相关报道较少。继 1992 年对主链带有悬链磺酸离子和端基带有磺酸离子的液晶聚合物的详细报道之后[15,16],1993 年意大利学者 Pilati 等也对主链带有悬链的磺酸基团的液晶聚合物做了报道[17]。随后,我国学者对含有磺酸基的液晶离聚物[18~25]做了更为深入的研究,发现含离子的液晶聚合物通常是溶致液晶,但多数为非水溶性的,通常只溶于有机溶剂或强酸。但也有的液晶离聚物既能表现出热致变性能,又能表现出溶致性[19]。最近又相继有关于含有—SO_3^- 的液晶单体[26~28]、非液晶交联剂和液晶交联剂的报道,并制备出含—SO_3^- 的离子交联液晶弹性体[26,27]。我们也相继报道了制备难度较大的侧链液晶离聚物。另外,Paβmann 于 1998 年发表了含有磷酸盐和磺酸盐的主链液晶离聚物[29]。德国科学家 Zentel 等于 1992 年报道了具有氧化-还原特性的二茂铁类的铁电液晶离聚物[30]。Zhao 等将含有苯甲酸基元及其钠盐的侧链无规共聚物共混,自组装成网络聚合物[31]。

1910 年德国化学家 Vorländer 曾对含有短链的羧酸盐热致小分子液晶进行了研究。1992 年以后,Plesko 和 Philips 等对含有羧基的热致液晶做了系列报道[32,33],Zhao 及其合作者对含有羧酸盐的液晶聚合物也做了较多的研究报道[31,34,35]。由于羧酸离子特性表现得不明显,因此,必须采用中和的方法使其成为羧酸盐类才能表现出离子性能,含羧酸的液晶常用于自组装,例如,含氢键的自组装体系、超分子体系[36,37]。

1991 年,日本的 Ujiie 等在化学快报上报道了侧链带有铵离子的液晶离聚物[38]。随后,Al-Salah[39]、Kijima[40]、Tong[41,42] 等对带有铵离子的主链、侧链液晶离聚物做了详细报道,丰富了该领域的研究内容。带有铵基的液晶离聚物主要用于超分子液晶等领域。

磺酸基液晶离聚物的共混研究始于2002年[43,44]，我们把主链和侧链液晶离聚物用于极性和非极性聚合物共混体系中。结果表明，该方法在某种程度上解决了极性聚合物与非极性聚合物共混中出现的较严重的相分离问题，简化了生产工艺，起到增容、增强双重作用，同时又降低了加工温度。作为一种新型高分子材料，在材料领域离聚物展示了诱人的应用前景。

1.2 液晶离聚物的分类

为便于理解，本书在对液晶离聚物的分类予以叙述之前，就常见的液晶分类简述如下。

1.2.1 液晶的分类

液晶可以按不同的方式进行分类。

(1) 按相对分子质量大小可以分为：小分子液晶(LCM)和液晶聚合物(LCP)。

(2) 按来源可以分为：天然液晶和合成液晶。

(3) 按液晶形成条件可分为：溶致液晶和热致液晶。

(4) 对于液晶聚合物而言，根据液晶基元所在的位置可分为：

主链型液晶聚合物：液晶基元在聚合物的主链(MLCP)；

侧链型液晶聚合物：液晶基元在聚合物的侧链(SLCP)；

网络液晶(LCN)：指交联的热致液晶聚合物，可以分为弹性体液晶(LCE)，即交联后，具有弹性；当交联密度足够大时，弹性消失，称为液晶热固体。

(5) 按液晶相的形态可以分为：向列相(nematic)、近晶相(smectic)和胆甾相(cholesteric)等常见类型，它们分别用N、S、Ch表示，也常用N^*代表胆甾相；上标“*”代表相应的手性，例如，S_C^* 即代表手性近晶C相。目前已发现20多种不同的液晶相，除常见的向列相、胆甾相外，近晶相已从A相发展到十几种不同的相态。最近英国的Dierking对液晶的织构做了较深入的论述[45]，下面根据国际液晶学会(ILCS)和国际纯粹与应用化学联合会(IUPAC)推荐的热致液晶常用的表示方法叙述如下：

①向列相：向列相用N表示，手性向列相为N^*。向列相液晶的分子呈棒状，分子的长径比大于4，分子质心没有长程有序性，其长轴互相平行，但不排列成层，如图1-1a所示。向列相的典型结构特征是没有分层结构，有序状态完全是由组成分子的长轴选择某一方向为优先方向排列而形成的，只在分子长轴方向上保持相互平行或近于平行，分子间短程相互作用微弱，向列相液晶分子的排列和运动比较自由，对外力相当敏感，其中分子的自由度较大，属于有序程度较低的介晶态。

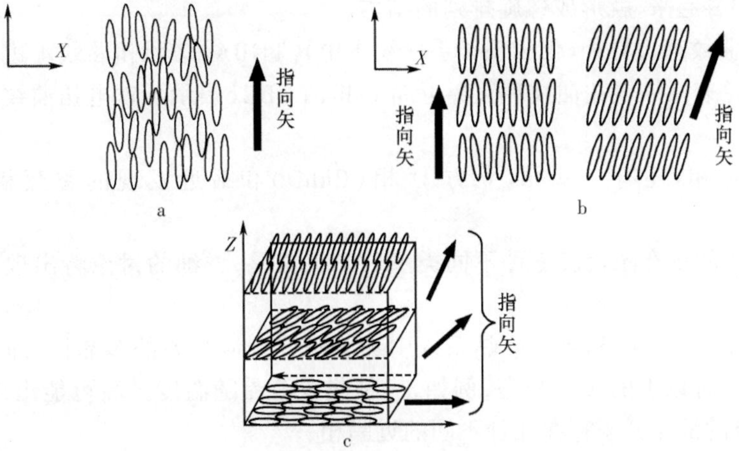

图 1-1 三种常见的液晶的示意图

a. 向列相；b. 近晶相；c. 胆甾相

②近晶相：以 S 表示，手性近晶相为 S^*。近晶态的结构是一种分层结构，即分子排列成层，而且层内分子长轴垂直于层面，或与层面成倾斜排列；在每一层中，分子并肩排列，造成每一层的厚度接近分子的长度，如图 1-1b 所示。分子排列整齐，具有二维有序，分子质心位置在层内无序，可以自由平移，各层之间的距离可以变动，分子可以前后、左右滑动，但不能上下层之间移动。大多数近晶态的层状结构间距是相等的，但也有一些是两层较近，形成双层结构。目前已经发现八种近晶相（S_A 至 S_H）和三种扭转的近晶相（S_C^*、S_P^*、S_H^*），最近还发现 S_I 相。所有这些近晶态的共同特点是：近晶态为有序性最高的一种介晶态；近晶态为一种层状结构，使用 X 射线法可测其层状厚度；近晶态结构的每层并非晶体，而是二维流体；近晶态层状结构的层间滑动很容易，使得整个体系呈现流体性质。

③胆甾相：胆甾相液晶名称首先来源于它们多是在胆甾醇的衍生物中观察到的，但事实上，非胆甾族化合物也能形成这种液晶相。研究发现，胆甾相液晶分子呈扁平状且排列成层，每一层中分子的排列与向列相相同，其分子长轴平行于层平面，不同层的分子长轴方向稍有变化。同时，每一层中也只是一维有序，如同向列相结构。相邻两层分子，其长轴彼此有一轻微的扭角，多层分子的排列方向逐渐扭转成螺旋线，形成一个沿层的法线方向排列的螺旋状结构，如图 1-1c 所示。当不同层的分子长轴排列沿螺旋方向经历 360°的变化后，又回到初始取向，这个周期性的层间距称为胆甾相液晶的螺距。

胆甾相液晶实际上是向列相液晶的一种畸变状态，因为胆甾相层内的分子长轴彼此也是平行取向，仅仅是从这一层到另一层时的均一择优取向旋转一个固定角度,层层叠起来,就形成螺旋排列的结构。

④扭曲纹理边界相(仅出现于手性物质中):$TGBA^*$ 表示扭曲纹理边界近晶 A 相;$TGBC^*$ 表示铁电扭曲纹理边界近晶 C 相;$TGBC_A^*$ 表示反铁电扭曲纹理边界近晶 C 相。

⑤其他相:还有一些相,立方 D 相(CubD)和最近发现的香蕉相(banana phase)等。

图 1-1 的示意图代表三种不同类型的常见液晶,详细的讨论将出现在以后各章节。

(6) 在热致液晶和溶致液晶系统中都能观察到液晶态的多晶性,即一种液晶可能存在一种以上的液晶相态,例如,一种热致液晶随温度升高可能出现近晶-向列相,也有的液晶分子存在几种不同的近晶相。

液晶不仅在长棒状分子中观察到,而且在盘形、碗形、杯状、环状等形态的分子中也都能观察到,在此不详细叙述。

1.2.2 离子液晶的分类

在液晶的分类基础上,通常我们按下列形式对离子液晶进行分类[47]。

(1) 按相对分子质量的大小:分为小分子离子液晶和聚合物离子液晶(液晶离聚物)[26]。

(2) 根据离子的种类:分为阴离子型液晶聚合物、阳离子型液晶聚合物和双亲离子液晶聚合物。阴离子可为 SO_3^-、COO^-、PO_4^{3-};阳离子可为$=N^+$和金属离子,如 Fe^{3+}、Al^{3+} 和贵金属离子;双亲离子液晶,即在同一个液晶中既具有阴离子也具有阳离子,例如,阳离子为$=N^+$,阴离子为磺酸基。离子对构成的液晶多由不同液晶之间的氢键和离子键等形成,由于离子对之间没有共价键,也称为非共价键液晶,例如,带有不同异性离子的羧酸的液晶聚合物和带有吡啶基团的液晶聚合物的相互作用获得氢键液晶配合物;而带有磺酸的液晶聚合物和带有碱性氨基部分的液晶聚合物相互作用,即离子交换获得离子键配合物。

1.2.3 液晶离聚物的分类

(1) 按来源可以分为:天然液晶离聚物和人工合成液晶离聚物,例如,存在于细胞膜中的双亲性液晶可认为是天然液晶离聚物;人工合成的磺酸基、羧基和铵基的液晶离聚物等。

(2) 根据液晶基元所在的位置分类为:主链液晶离聚物(MLCI),液晶基元在聚合物的主链,例如,主链的悬链上和端基带有离子的液晶聚合物称为主链液晶离聚物;侧链液晶离聚物(SLCI),液晶基元在离聚物的侧链,通常离子也在侧链,如果离子在主链,液晶基元在侧链,也称为侧链液晶离聚物;离子网络液晶,是指交联的液晶离聚物,可以分为离子液晶弹性体,即交联后,具有弹性;当交联密度足够大时,弹性消失,称为离子液晶热固体。

(3) 按离聚物的液晶形态可以分为:向列液晶离聚物、近晶液晶离聚物和胆甾液晶离聚物等。

(4) 按液晶离聚物形成条件可分为:溶致液晶离聚物和热致液晶离聚物。

溶致液晶由液晶和溶剂组成,可以是两种,也可以是多种组分混合而成的热力学稳定体系。常见的溶致液晶系统是双极性物质和水,但非双极性物质和水也能产生液晶结构。在溶致液晶中,常见的溶致液晶有片状、立方、六角结构。例如,纯净肥皂相,片状结构的分子排列成双层膜,非极性部分不溶于水,分子的极性部分溶于水,双层膜互相平行,由一层水隔开,即分子的极性头固定在水中,非极性的长尾部分在水外形成的有序结构使体系稳定。溶致液晶离聚物也由溶剂及液晶离聚物组成,天然的纤维,如羧甲基、乙基纤维素等,很容易形成溶致液晶离聚物。而合成的液晶离聚物形成溶致液晶离聚物的较少,其原因在于液晶聚合物的刚棒状分子决定了它不易溶于溶剂,因为当液晶聚合物中混入相对分子质量较低的溶剂组分时,熵值增加很小,很难形成溶致液晶。即使液晶聚合物聚合度较低,也会导致溶解性较低或不溶。增加液晶聚合物溶解性能的方法之一,是降低链的刚性,在骨架中引入柔性结构、增大链和链间的距离、减少链间的作用,以提高柔性,从而改进液晶聚合物的溶解性;增加液晶聚合物溶解性能的方法之二,是在聚合物中引入离子基团,但事实表明将离子引入链中,其溶解性的改善是有局限性的,例如,极性很强的磺酸基的主链液晶[19],既是热致液晶,也是溶致液晶,在浓硫酸中呈向列型。液晶离聚物的溶致液晶形式通常是在有机溶剂或强酸中出现。根据目前所知,还没有对液晶聚合物和液晶离聚物溶解过程的溶液性能与结构的关系进行过系统报道,因此液晶离聚物的溶液性能是一个非常具有研究价值的领域。

热致液晶通常是指随温度变化而在某一温度区间呈现出的液晶态,离子类型、离子在链中的浓度和离子所在的位置均对液晶区间产生影响,具体内容将在以下各章节中予以讨论。

1.3 液晶离聚物的表征手段

液晶离聚物的研究重点是它的液晶行为、离子的类型和离子的浓度等因素对液晶性能,如对聚合度、热性能、溶液性能、光、电、磁等性能的影响。其表征手段主要是红外光谱、紫外光谱、荧光光谱、X 射线衍射、小角中子散射(SANS)、小角 X 射线散射(SAXS)、电子自旋(顺磁)共振(ESR)、核磁共振(NMR)、电镜等。我们引入了新的表征方法——三维红外图像系统，对含离子的聚合物共混体系和复合材料进行了表征。

1.3.1 液晶离聚物的液晶性能的表征

1. 液晶离聚物的热性能

液晶高分子可以分为非晶高分子、半晶高分子和结晶高分子三大类，有几个重要参数的定义和聚合物是相同的，介绍如下。

玻璃化转变温度（T_g）：是聚合物的玻璃态与高弹态之间的转变，是链段运动的冻结与解冻的临界状态。玻璃化转变是聚合物中非晶成分的行为[50]，由于液晶聚合物几乎都有非晶成分，因此 T_g在液晶聚合物中普遍存在。

熔点（T_m）：高分子结晶的熔融过程同小分子结晶的熔融过程本质上相同，都是热力学的一级相转变过程。通常我们把所有结晶最后消失的温度定义为完善的晶体的真正热力学熔点[51]。

清亮点（T_i）：表示液晶态向各向同性态之间的转变温度[52]。

热分解温度（T_d）：在本书中通常用聚合物热失重达到 5%时的温度表示，也可以根据不同的聚合物和不同的需求来表达。

对于非晶态液晶聚合物，通常液晶相存在于玻璃化温度（T_g）以上。玻璃化转变是与液晶态直接相关的转变，液晶态在玻璃化转变温度 T_g和清亮点 T_i之间，有的液晶态是在 T_g以上直至热分解温度。多数侧链液晶高分子的液晶态在玻璃化转变温度 T_g和清亮点 T_i之间，但也有的液晶聚合物没有观察到清亮点，可以观察到液晶态至分解温度才消失，对于这类液晶聚合物，液晶区间在 T_g和分解温度之间。对于结晶态液晶聚合物直接与液晶相发生关系的是晶体的熔融和解取向过程，通常与 T_m和 T_i有关，这类液晶高分子主要为主链液晶。半晶态液晶高分子，有的同时存在着 T_g、T_m和 T_i，它们的液晶相区间取决于具体实例的情况。液晶离聚物和液晶聚合物一样，它们的热性能主要用示差扫描量热仪（DSC）、热失重分析仪（TG）、动态机械分析仪（DMA）和偏光显微镜（POM）等仪器综合表征才能决定液晶区间，这部分内容将分散在各章中进行介绍。

2. 液晶织构

液晶的织构千变万化，随着人们对液晶研究的进一步深入，将发现更多的液晶类型，更多的千姿百态的液晶织构形态。讨论离子液晶聚合物织构之前，首先应对液晶织构的产生、织构类型和外界的影响因素做以简单介绍。

1）织构的产生

织构是液晶体中缺陷集合的产物。所谓缺陷，可以是物质的，也可以是取向状态方面的。在液晶中,位错与向错就是液晶中的缺陷,不同的向错和位错会产生不同的织构,关于缺陷的产生在本书中不予详述。

位错　是由分子链的碎片或杂质在液晶分子排列时影响其规整性而产生的,如相邻分子层之间的滑动、增加或移去一层或多层分子,主要是液晶分子或液晶基元排列中的平移缺陷。

向错　多指取向状态的局部缺陷。外力的作用使液晶在取向时偏离了正常的方向。

旋错　是向错的一种或几种共同作用产生的,它与手性液晶的螺旋结构有关。

一个理想结构的完全均匀样品即单畴液晶体,只能给出单一色调而无织构可言。液晶的位错、向错和旋错都会产生特征织构。液晶织构是液晶体结构的光学表现。在样品的实际观察中,样品厚薄的差异、异物的引入、表面性质的不均匀等都能导致位错和向错,而产生不同的织构。液晶聚合物拥有与小分子液晶相同的拓扑稳定相缺陷,使它们具有相同的结构特性,但是它们又与小分子不同,液晶聚合物的结构、链的极性、刚性、相对分子质量较大及其多分散性等因素,都使液晶聚合物存在的缺陷比小分子复杂。由于液晶聚合物具有高黏性,因此研究人员提出了"平衡织构"的概念。但是,平衡织构在观察温度下很久才能达到,通常观察的织构是指它在液晶态下观察到的非平衡织构。液晶聚合物的具体性质还与它们的分子构型有关,而分子的构型取决于能量因素和物理条件,对小分子液晶和结晶液晶聚合物而言,液晶态出现在熔点和清亮点之间,聚合物有时很难形成小分子液晶那样"标准"的特定织构,所以,聚合物液晶织构类型的确定需要借助多种方法表征的综合结果[40,53~57]。比如,近晶态焦锥织构是近晶态液晶体内部层状结构的反应;胆甾相层线织构是胆甾相各分子层指向矢成螺旋状有序排列的结果。表1-1中列出了常见的不同液晶相的织构形态。液晶离聚物和液晶聚合物的表征方法基本相同。在研究中发现,离子通常不改变原有液晶聚合物的织构类型,但会对液晶区间产生一定影响。

表1-1　常见的不同液晶相的织构形态

液晶类型		光学织构			
向列相		丝状	球粒	纹影	假性各向同性
胆甾相		指纹	平面	焦锥	油丝
近晶相	A	焦锥	扇形、多边形	阶粒织构	假性各向同性
	B	镶嵌	假象、畸形焦锥	阶粒织构	假性各向同性
	C	扇形	层线	大理石纹状	纹影

2）常见的液晶织构

（1）向列相液晶织构。常见的向列相液晶织构有丝状（threaded）织构、球粒（droplet）织构和纹影（schlieren）织构。

丝状织构是向列型液晶态向错的一个重要表现形式，它是向列相液晶所特有的一种织构。它的特点是在液晶熔体中出现一些细丝，并且这些细丝可以在熔体中游动，随着温度的变化，常常伴有旧丝的消逝和新丝的产生。

球粒织构一般出现在降温过程中，当向列相样品从各向同性相降至液晶化温度时，视野中有很小的球状粒子出现，并且许多球状粒子中包含交叉的黑十字，恰好与上下偏振方向相对应。

纹影织构出现在较薄的样品中，通常降温过程中生成的纹影织构更清晰。它的特点是在一个消光黑点周围有几条黑刷子。消光黑点可以是点畸变的反映，也可以是垂直于样品平面的“线向错”的结果。黑刷子区域的液晶指向矢与偏振片的方向垂直。纹影织构中的黑刷子的数目 n 与向错的强度 m 有关，$m=n/4$，并且规定黑刷子的转动方向与偏振片一致时取正值，反之取负值。向列相的 m 可以为 $\pm1/2$、±1、$\pm3/2$、±2、$\pm5/2$。

（2）近晶相液晶织构。近晶相种类很多，其有序性各异，形成的织构也各不相同。由于对近晶相的认识还在深入和发展中，随着时间的推移，对近晶相织构的认识和归纳还要不断修正。尽管近晶相种类很多，但常见的液晶高分子则只有近晶A相、近晶C相（包括手性近晶C相）和近晶B相。近晶相液晶常见的织构有：焦锥（focalconic）织构、扇形（fan-shaped）织构、纹影（schlieren）织构和层线（lined）织构。

焦锥织构常出现在近晶A相（S_A）和C相（S_C）液晶中。常见的焦锥织构有简单焦锥织构（simple focal conic）和变形焦锥（deformed focal conic）织构，后者是焦锥发育不全或畸变的结果。较完善的焦锥通常以扇形出现，称为扇形织构（fan-shaped）；不很完善的焦锥织构常被称为破碎焦锥（broken focal conic）或破碎扇形（broken fan-shaped）织构。焦锥织构中常见的取向缺陷是以焦锥的关系而成对存在的一个椭圆和一支双曲线，该双曲线穿过该椭圆的一个焦点，而椭圆也穿过该双曲线的焦点。双曲线缺陷容易在扇形织构中观察到，而椭圆缺陷则更易出现在多边形（polygonal）织构中。但在焦锥织构的形成过程中可能会遇到很多的阻碍，结果是畸形者居多。

在近晶C相液晶中，纹影织构是比较典型的一种。由前面的讨论可知，纹影织构中的黑刷子数目与向错的强度有关系，根据 Nehring-Saupe 理论，近晶相的纹影织构只有强度为整数值的向错点，即向错强度 m 只能取整数，黑刷子数只能是4的整数倍。

层线织构一般出现在手性液晶高分子中,如手性近晶 C 相。手性碳原子使整个分子呈现出螺旋结构,而层线织构则是手性分子指向矢沿螺旋轴作规律性扭转排列的结果。层线织构的层线间距相当于螺旋结构中的半螺距,如果层线之间的间距很小,通常观察不到层线织构,看到的通常都是焦锥织构。

(3) 胆甾相液晶织构。胆甾相织构与手性近晶相织构有许多相似之处。常见的胆甾相织构有平面(planar)织构、油丝(oily streak)织构、焦锥(focal conic)织构、Grandjean 织构和指纹(finger print)织构。

胆甾相的层线织构与手性近晶相的层线织构相同,都是因分子指向矢沿螺旋轴作规律性扭转排列的结果。

油丝织构常出现在一些天然的生物液晶大分子的溶液中,但在热致液晶中也有油丝织构。从微观角度分析,油丝织构是由许多细小焦锥组成的链状双折射区。要想得到油丝织构,液晶薄膜要略薄一些,并且要均匀。

指纹织构是胆甾相液晶的特有的一种织构,它是层线织构发育受阻时的表现。指纹织构中每两条纹路之间的距离与胆甾相液晶的半螺距相当。胆甾相液晶的指纹织构在小分子中或是在有外力场的作用时都能观察到,在高分子中指纹织构的报道较少。

蓝相是处于胆甾相和各向同性相之间的热力学稳定相,是少数胆甾相液晶存在的特有织构。它是由于胆甾液晶选择反射圆偏振光或伴随的异常旋光弥散引起的。因在发现时为蓝色,所以延续下来称为蓝相,目前蓝相已有多种色彩,有其特殊的光学性能。小分子蓝相的区间较窄,单种小分子蓝相的液晶区间仅为 1 ℃左右。目前不同小分子混合物的蓝相最宽已达到 40～50 ℃,聚合物蓝相在 5～300 ℃不等[58]。

胆甾液晶可以旋转 18 000°/mm,即 50r/mm,是目前发现的最强的旋光物质。胆甾液晶对光是有选择反射的,它只能反射一定波长范围内的光,当白光照射时,一部分光透过,一部分光反射,而且透过光和反射光之间的颜色存在互补关系(二光叠加为白色),一般物质没有这种性质。胆甾液晶对光波的选择反射与螺距有密切关系,描述最大反射波长 λ_{max} 与螺距(P)、折射率(n)、入射角(θ_1)和反射角(θ_2)之间关系的 Bragg 方程如下:

$$\lambda_{max} = n \cdot P\cos\frac{1}{2}\left[\arcsin^{-1}\left(\frac{\sin\theta_1}{n}\right)+\arcsin^{-1}\left(\frac{\sin\theta_2}{n}\right)\right]$$

从方程可以看到,当从不同方向照射能看到不同的颜色。

此外,螺距还随温度的变化而变化。表现在反射光的颜色不同,螺距随温度升高而减小,因此颜色向蓝移,随温度升高,由红→黄→绿→蓝→紫至无色,但是只有少数胆甾液晶在可见光区显示色彩;螺距随热力学温度变化可用经验公式表示

$P=P_0 \cdot b/(T-T_0)$（P_0、b、T_0 为与材料有关的常数），$P<0$ 左旋，$P>0$ 右旋。此外，化学物质的渗入、机械力的作用、电场、磁场等都对螺距产生影响。人们正在利用这些性能，使胆甾液晶、向列液晶等在显示、光学等领域发挥越来越重要的作用。

3）热致液晶的织构多样性

当热致液晶由固相向各向同性相变化时，有的要经过 2 个或 2 个以上的中介相，固体（结晶）-近晶 B、C、A-向列（或胆甾）-各向同性等多种不同的变化。

4）液晶离聚物的织构

多数液晶离聚物表现出热致液晶性能，特别是相对分子质量较高的聚合物。离子的类型和浓度都会对液晶离聚物的织构产生一定影响。当离子浓度较低时，与原聚合物液晶的织构差别较小，当离子浓度较高时，对织构影响较大，甚至液晶相消失。其原因是，离子基元通常没有液晶性能，在共聚物中，离子浓度增加，相当于非液晶基元增加，液晶基元浓度降低。当离子浓度足够大时，聚合物的液晶性必然消失。更重要的是，离子会对液晶序有干扰作用，两种原因都对液晶性能有影响。此外，离子在链中的位置等也对液晶性能产生影响，但总的结果是离子基本不影响原有液晶聚合物的织构类型，只影响液晶区间。

1.3.2　X 射线分析

当 X 射线照射到试样上，如果试样内部存在纳米尺寸的密度不均匀区（2～100 nm）时，则会在入射 X 射线束周围的 2°～5°的小角度范围内出现散射 X 射线，这种现象称为小角 X 射线散射（small angle X-ray scattering，缩写为 SAXS）。小角 X 射线峰的出现是多数近晶相晶体的重要判据之一。在小角有时也能发现离子聚集峰的存在，这取决于离子类型和离子浓度。在广角区，这种表征对确定液晶聚合物的液晶类型也具有重要意义。通常，向列型液晶离聚物和近晶型液晶离聚物在广角区 20°左右有峰；胆甾型液晶离聚物，包括蓝相液晶离聚物多数在广角区 17°左右有峰，而有些胆甾液晶在广角区 20°左右有峰。

1.3.3　离子的光谱表征

离子的表征主要采用红外光谱法（IR）、核磁（NMR）、紫外（UV）、荧光（XRF）等手段。离子的聚集态还可以采用新的表征手段，如三维红外图像系统，是目前比较先进的表征方法，将在第 6 章加以详细介绍。

不同的离子有不同的红外特征吸收峰，相同的离子连接不同的液晶基元、柔性链及其他离子时均会产生位移，应根据具体情况分析离子特征峰所在位置。如用 UV 光谱和 IR 光谱表征带有不同浓度的磺酸离子离聚物时，磺酸离子浓度增加，UV 吸收峰和 IR 吸收峰也发生位移。液晶离聚物的羧酸基团之间聚集，形成的氢键在 1681 cm^{-1}[59]有吸收峰,而吡啶所形成的氢键吸收峰在 1704 cm^{-1}[60]处。红外研究表明,在 1600 cm^{-1}附近的吸收峰可认为是 N ═N 伸缩峰[14]。带有双键并含有磺酸基团的单体与含氢硅氧烷接枝时,如 2160 cm^{-1}附近的 Si—H 吸收峰消失,则表明单体已成功地接枝到硅氧烷链上。有机磺酸中的 O ═S ═O 的不对称和对称伸缩振动峰分别在 1100～1260 cm^{-1}和 1010～1080 cm^{-1}。

1.4　液晶离聚物的应用

作为一类新型功能高分子材料,液晶离聚物涉及化学、物理学、电子学及材料学等多学科,具有独特的光学、电磁学等物理性质以及良好的机械性能和化学稳定性,不仅具有重要的理论意义和学术价值,而且在共混材料、光学、信息、军事、印刷、复合材料、膜材料等领域具有潜在的应用前景。

1.4.1　聚合物助剂

液晶离聚物/热塑性聚合物原位复合材料是很有发展前途的新型改性高分子材料。由于液晶离聚物不仅具有优良的加工性能及力学性能,而且便于回收再利用,同时促进纤维的原位形成,大大缩短了生产时间,提高了生产效率。液晶离聚物与各种通用型树脂复合,扩大了通用树脂在高层次工程材料中的应用领域;液晶离聚物与特种工程塑料复合,得到的高性能特种工程塑料合金,可满足航空航天、军事、电子电气、汽车、建筑、船舶等领域特殊的应用和要求。

由于液晶离聚物分子结构的刚直性,在加工过程中可自发地沿流动方向取向,产生明显的剪切变稀行为和自增强效果,从而形成原位复合材料。与传统的纤维(如玻璃纤维、碳纤维)增强相比,用液晶离聚物改性热塑性聚合物,可降低熔体黏度,使熔体流动性能得到改善,降低加工成型能耗,提高加工的经济性。同时,原位复合材料还有许多潜在的优点,如加工选择的范围广、改善外观、能重复使用等[61,62]。

目前需要解决的问题是如何改善液晶离聚物与热塑性聚合物基体之间的相容性。改善聚合物间相容性可以通过氢键、偶极-偶极相互作用、酸碱相互作用、离子-偶极相互作用、电荷转移络合、过渡金属络合等方式。其中,通过离聚物与共混体系的其他组分的特殊相互作用可使共混体系组分间的相容性得以改善。

由于液晶离聚物具有液晶、离聚物的双重性质,或液晶、离子和聚合物的三重性质,在聚合物加工、高分子合金和复合材料制备中可起到增容、增强和降低加工温度等多种作用,是一类新型聚合物加工助剂。具体地说,液晶离聚物具有液晶链段的取向性、聚合物的可加工性和离聚物的增容作用,可用于共混物的制备;具有液晶的刚性结构，在加工过程中能形成微纤，在材料中起到增强作用，可制备原位增强复合材料；液晶的取向作用可降低加工温度，改善加工性能。

已有许多利用液晶高分子嵌段共聚物和离聚物来增加共混体系的相容性的报道，但关于增容剂的用量还未见系统报道。如何控制加工过程的工艺条件，以保证液晶离聚物以微纤形式均匀地分散于热塑性聚合物基体中并形成高度取向的结构，从而获得综合性能优良的新产品，是值得进一步探讨的问题。随着增容技术的开发、加工工艺条件的改进及液晶价格的降低，液晶离聚物/热塑性聚合物原位复合材料的工业化生产将很快成为现实，并应用到日常生活和航空、航天等高性能材料需求领域。

1.4.2 高强纤维

液晶离聚物一般通过对位和(或)间位芳族单体缩聚而成，其分子结构决定了它具有优异的耐热、耐溶剂、易取向及尺寸稳定等性能。随着液晶离聚物潜在应用领域的不断扩大，近年来越来越受到学术界和产业界的广泛关注。尤为吸引工业界注意的是，1965 年 DuPont 公司成功地合成了溶致液晶，商品名 Kevlar，被称为魔法纤维，在军事上用于制造防弹衣、高强轮胎等[63]，具有一定取向的液晶离聚物纤维在热处理过程中由于发生固相聚合而导致强度大幅提高，从而使得熔纺聚酯纤维具有可与湿纺聚酰胺纤维“Kevlar”相比拟的力学性能。

液晶离聚物中高度取向的挤出棒材和纤维丝的组织结构类似于模塑制件的“表皮”结构，具有优异的强度。其模量的大小直接与其链取向程度相关。通过 X 射线衍射测得取向度为 0.98～0.995(1.0 为完全取向)、直径约为 25 μm 的液晶离聚物纤维，其模量高达 50～90 GPa。为了提高纤维的性能，可将纤维丝放置于惰性气体内，经受高温(比熔融温度约低 10～20 ℃)处理几分钟至几个小时。通过这种方法处理，可将纤维的拉伸强度从 115 GPa 提高到 310～510 GPa。这是聚酯在固态下改进过程中分子初始构成的一项措施，进而提高分子的取向作用[64]。

1.4.3 用于地板抛光涂料、压敏胶、皮革涂饰剂和建筑物内外墙涂料

近年来，液晶聚合物(LCP)已开始进入涂料工业领域。液晶聚合物带给涂料的鲜明特性主要表现在树脂和颜料两方面。挥发性有机化合物(VOC)含量法规使科学家的注意力转向开发高固体分涂料。然而人们发现，通过降低数均相对分子质量(M_n)和多分散度，虽然得到了高固体分基料，但是影响到最终涂膜的性质，特别是耐冲击性下降。由于液晶是从各向同性的液态转变到各向异性的中介态，其黏度下降，液晶聚合物呈现出比其对应无定形聚合物较低的熔体黏度，这使之适合于配制高固体含量涂料。即液晶树脂固体含量提高同时黏度降低，成膜后漆膜性

能提高。此外,液晶聚合物缩短了非烘烤涂料的干燥时间。由 LCP 所得的涂膜兼有优良的硬度和耐冲击性。其涂膜的耐化学品性好于无定形聚合物。液晶聚合物颜料的商品化,给涂料增添了蔚为奇观的色彩。液晶聚合物颜料利用胆甾相液晶光学特性,显示颜色的特异变化,表现为颜色随温度变化及随角异色。采用液晶改性丙烯酸聚合物、液晶改性醇酸聚合物、聚酯聚合物及齐聚酯二醇和液晶改性环氧聚合物代替传统的丙烯酸树脂、醇酸树脂、聚酯树脂和环氧树脂应用于涂料工业,存在着很大的发展潜力[65,66]。

1.4.4 液晶离聚物在膜材料方面的应用

液晶聚合物膜用作电气和电子材料的适用性研究中,最引人关注的领域是用做电路基板材料。作为这种基板材料,液晶聚合物膜具有优良的耐热性、耐湿性、尺寸稳定性、高频特性和材料再循环性等优点。液晶聚合物膜的这些特性适合于汽车关联的电子电路基板或者 CPU 和移动电话等情报通信关联的电子电路基板。这些电子电路基板之所以要求这些特性是由于信号的高速化、图形的高密度化和高多层化。为了制作满足这些特性要求的电路基板,需要使用具有优良的耐热性、耐湿性、高频特性、厚度精度,加工时的尺寸稳定性和容易多层化的基板材料[67]。

离聚物用作导电材料的用途很广泛,包括电池、燃料电池、电容器、电致荧光灯、电渗析、膜电解等用途。这是由于离聚物具有优良的离子导电性能和离子交换的能力,离聚物膜材料由于离子簇结构而控制离子穿过膜,而具有离子选择性。羧基有更好的离子选择性而磺酸基具有更好的离子导电性。因此液晶离聚物在导电材料、分离膜、膜和固体电解质方面具有潜在的应用前景。

液晶离聚物作为液晶聚合物家族中新秀,凭借其特有的离子间的相互作用特性,在电子、化学、航空和自动化工业等领域都显示了极广阔的应用前景。然而,液晶离聚物离工业化的实质性应用还有相当的距离,还有大量的工作亟待开展。随着人们对液晶离聚物的结构、性能和液晶行为研究的不断深入及新型液晶离聚物的不断合成,它们的应用领域将日渐扩展。可以预见,人们对液晶离聚物的认识将更加全面、深入和完善,并利用液晶离聚物生产出性能优越的新一代高科技产品。

参考文献

[1] Reinitzer F O.Beitrage zur kenntniss der cholesterins.Monatsh Chem,1888,9:421～441

[2] Lehmann O.Füssige Kristalle,sowie Plästizitatvon Kristallenim Allgemeinin,Moledulare Umlagerun ge-nund Aggregat-zumstands nderugen Englemann.Leipzig,1904

[3] Vorländer D.Zeitshiff fur Physikalische Chemie,1923,105:211～254

[4] Friedel G.The Mesomorphic State of Matter.Leipzig,1922,18:273～315

[5] Onsager L. The effects of shape on the interaction of colloidalparticles. Ann N Y Acad Sci, 1949, 51: 627～659
[6] Vorländer D. Kristallinisch-flussige Substanzen, Enke Verlag, Stuttgart. 1908
[7] Bawden F C, Pirie N W. Proc, Roy. Soc. 1937. B123, 274, Bernal J D, Fankuchen I. J. Gen. Physiol. 1941, 25: 111～146
[8] Flory P J. Proc Roy Soc, 1956, A234: 73
[9] Curry B E. National Fuel Cell Serninar Abstracts. Electric Power Research Institute, Palo Alto, CA, 1981: 13
[10] 岳忠红,马敬红,郑利民.离聚物及其应用.化工新型材料,2000,(10):11～13
[11] 汪军,何嘉松.离子聚合物及其在高分子共混物中的增容作用.化学通报,1994,(6):6～9
[12] 陈江.新型高分子材料-离聚物与胶粘剂.粘接,2003,24(1):49～50
[13] 池庭,张志良,周崇福.离聚物的发展与应用.济南纺织化纤科技,2001,(3):1～5
[14] Salamone J G, Li C K, Clough S B et al. A liquid crystalline ionomer. Polymer Preprints, 1988, 29(1): 273～274
[15] Zhang B Y, Weiss R A. Liquid crystalline ionomers. Ⅰ. Main-chain liquid crystalline polymer containing pendant sulfonate groups. Journal of Polymer Science: Part A: Polymer Chemistry, 1992, 30(1): 91～97
[16] Zhang B Y, Weiss R A. liquid crystalline ionomers. Ⅱ. Main-chain liquid crystalline polymers with terminal sulfonate groups, Journal of Polymer Science: Part A: Polymer Chemistry, 1992, 30(6): 989～996
[17] Pilati F, Manaresi P, Ruperto M G et al. Ion-containing polymers: 1. Synthesis and properties of poly(1, 4-butylene) isophthalate containing sodium sulfonate groups. Polymer, 1993, 34(11): 2413～2421
[18] Lin Q, Pasatta J, Long T E. Synthesis and characterization of sulfonated liquid crystalline polyesters. Polymer preprints, 2000, 41(1): 248～249
[19] Zhi J G, Zhang B Y, Wu Y Y et al. Study on a series of main-chain liquid-crystalline ionomers containing sulfonate groups. Journal of Applied Polymer Science, 2001, 81(9): 2210～2218
[20] Hu J S, Zhang B Y, Feng Z L et al. Synthesis and characterization of chiral smectic side-chain liquid crystalline polysiloxanes and ionomers containing sulfonic acid groups. Journal of Applied Polymer science, 2001, 80(12): 2335～2340
[21] Zhang B Y, Guo S M, Shao B. Synthesis and characterization of liquid crystalline ionomers with polymethylhydrosiloxane main-chain-and side-chain-containing sulfonic acid groups. Journal of Applied polymer Science, 1998, 68(10): 1555～1561
[22] Reppy M A, Gray D H, Gin D L. A new class of modular polymerizable lyotropic liquid crystals for the preparation of nanostructured materials. Polymer Preprints, 1999, 40: 510～511
[23] Xue Y, Hara M, Yoon H N. Ionic naphthalene thermotropic copolymers: divalent salts and tensile mechanical properties. Macromolecules, 1998, 31(22): 7806～7813
[24] 臧宝岭,刘鲁梅,张宝砚等.带有磺酸基团侧链液晶离聚物的液晶性能.东北大学学报:自然科学版, 2003, 24(2): 194～197
[25] 何汉宏,梁伯润,王庆瑞.含磺酸基聚酯类液晶离聚物的合成与表征.高分子材料科学与工程,2000,16(3):74～77
[26] Zang B L, Hu J S, Meng F B et al. New Side-chain liquid-crystalline ionomers. I. Synthesis and characterization of a homopolymer derived from ionic mesogenic groups. Journal of Applied Polymer Science, 2004, 93(6): 2511～2516

[27] Zhang B Y, Meng F B, Zang B L et al. Liquid-crystalline elastomers containing sulfonic acid groups. Macromolecules, 2003, 36(9): 3320～3326

[28] Meng F B, Zhang B Y, Liu L M et al. Liquid-crystalline elastomers produced by chemical crosslinking agents containning sulfonic acid groups. Polymer, 2003, 44(14): 3935～3943

[29] Paßmann M, Wilbert G, Cochin D et al. Nematic ionomers as materials for the build-up of multilayers. Macromol Chem Phys, 1998, 199(2): 179～189

[30] Zentel R. Synthesis and properties of functionalized polymers. Polymer, 1992, 33(19): 4040～4046

[31] Zhao Y, Yuan G X, Roche P. Blends of side-chain liquid crystalline polymers: towards self-assembled interpenetrating Networks. Polymer, 1999, 40(11): 3025～3031

[32] Roche P, Zhao Y. Side-chain liquid crystalline ionomers. 2. Orientation in a magnetic field. Macromolecules, 1995, 28(8): 2819～2824

[33] Plesko S, Phillips M L, Cassell R et al. Thermotropic ionic liquid crystals. Ⅳ. Structural effects in sodium methylpentanoates. J Chem Phys, 1984, 80(11): 5806～5813

[34] Lei H L, Zhao Y. An easy way of preparing side-chain liquid crystalline ionomers. Polymer Bulletin, 1993, 31: 645～649

[35] Zhao Y, Lei H L. Side-chain liquid crystalline ionomers. 1. Preparation through alkaline hydrolysis and characterization. Macromolecules, 1994, 27(6): 4525～4529

[36] Xu H, Kang N, Xie P et al. Synthesis and characterization of a hydrogen-bonded nematic network based on 4-propoxybenzoic acid side groups grafted onto a polysiloxane. Liquid crystals, 2000, 27(2): 169～176

[37] Barmatov E B, Pebalk D A, Barmatova M V et al. Preliminary communication induction of the smectic phase in comb-shaped liquid crystalline ionogenic copolymers by hydrogen bond formation. Liquid Crystals, 1997, 23(3): 447～451

[38] Ujiie S, Iimura K. Thermal properties and orientational behavior of a liquid-crystalline ion complex polymer. Macromolecules, 1992, 25(12): 3174～3178

[39] Al-salah H A. Synthesis and properties of liquid-crystalline polyetherurethane cationomers. Acta. Polym, 1998, 49(9): 465～470

[40] Kijima M, Setoh K, Shirakawa H. Synthesis of a Novel Ionic Liquid Crystalline Polythiophene Having Viologen Side Chain. Chemistry Letters, 2000, 936～937

[41] Tong B, Yu Y, Dai R G et al. Synthesis and properties of side chain liquid crystalline ionomers containing quaternary ammonium salt groups. Liquid Crystals, 2004, 31(4): 509～518

[42] Tong B, Zhang B Y, Hu J S. Synthesis and characterization of side- chain liquid-crystalline ionomers containing quaternary ammonium salt groups. Journal of Applied Polymer Science, 2003, 90(11): 2879～2886

[43] Li Y M, Zhang B Y, Feng Z L et al. Compatibilization of side-chain, thermotropic, liquid-crystalline ionomers to blends of polyamide-1010 and polypropylene. Journal of Applied Polymer Science, 2002, 83(13): 2749～2754

[44] Zhang A L, Zhang B Y, Feng Z L. Compatibilization by main-chain thermotropic liquid crystalline ionomer of blends of PBT/PP. Journal of Applied Polymer Science, 2002, 85(5): 1110～1117

[45] Dierking I. Imaging liquid crystal director fields in three dimensions. Chem Phys Chem 2001, 2: 663～664

[46] Elser W, Ennulat R D. Selective reflection of cholesteric liquid crystals advances liquid crystals. In: Brown G H. Academic Press, 1976, 2: 73

[47] 张宝砚,王宏光,丛越华等.液晶离聚物—— 液晶行为的研究.高分子通报,2000,(4):61~65
[48] 刘凤岐,汤心颐.高分子物理.北京:高等教育出版社,1995
[49] 周其凤,王新久.液晶高分子.北京:科学出版社,1994
[50] Kato T,Kihara H,Uryu T et al. Molecular self-assembly of liquid crystalline side-chain polymers through intermolecular hydrogen bonding. Polymeric complexes built from a polyacrylate and stilbazoles. Macromolecules,1992,25(25):6836~6841
[51] Kassapidou K,Heenan RK,Jesse W et al. Effects of ionic strength on the supramolecular structure in liquid crystalline solutions of persistent Length DNA fragments. Macromolecules ,1995,28(9):3230~3239
[52] Lin C L,Blumstein A. Synthesis and characterization of side chain liquid crystalline ionic polymers. Polymer Preprints,1992,33:118~119
[53] Jegal J G,Blumstein A. Synthesis and characterization of semiflexible main chain thermotropic liquid crystalline ionogenic polymers. Polymer Preprints,1992,33:120~121
[54] Percec V,Heck J. Molecular design of externally regulated self-assembled supramolecular ionic channels. Polymer Preprints,1992,33:217~218
[55] Bradfield A E,Jones B. Two apparent cases of liquid crystal formation. Journal of the chemical society, 1929,2660~2661
[56] Kato T,Frechet J M J. J Am Chem Soc,1989,111(22):8533~8534
[57] 汪菊英,周彦豪,张兴华等.热致性液晶聚合物与热塑性塑料原位复合材料的研究进展.工程塑料应用,2004,32(9):70~74
[58] Zhang B Y,Meng F B,Cong Y H. Optical characterization of polymer liquid crystal cell exhibiting polymer blue phases. Optics Express,2007,15:10175~10181
[59] Charnetskaya A G,Polizos G,Shtompel V I et al. Phase morphology and molecular dynamics of a polyurethaneionomer reinforced with a liquid crystalline filler. Eur Polym J,2003,39:2167~2174
[60] 杨胜林,梁伯润.液晶离聚物的合成及其原位复合纤维形态研究,高分子材料科学与工程,2001,17(1):86~89
[61] 刘永建,沈新元,左兰.热致液晶聚合物的热增强及应用.合成技术及应用,2008,15(1):31~35
[62] 苏慈生.展望液晶聚合物在涂料中的应用.现代涂料与涂装,2002,(1):22~25
[63] 张泉福.液晶聚合物在涂料中的应用.涂料工业,2002,(12):42~47
[64] 蔡积庆.液晶聚合物膜基板材料的应用.印制电路信息,2005,(11):37~41
[65] Hensley J E,Way J D. Synthesis and characterization of perfluorinated carboxylate /sulfonate ionomer membranes for separation and solid electrolyte applications. Chem Mater,2007,19(18):4576~4584
[66] Galatamu A N,Rollet A L,Porion P et al. Study of the Casting of sulfonated polyimide ionomer membranes:structural evolution and influence on transport properties. J. Phys Chem B,2005,109(22):11332~11339
[67] Meier-haack J,Taeger A,Vogel C et al. Membranes from sulfonated block copolymers for use in fuel cells. Separation and purification technology,2005,41(3):207~220

第2章 含磺酸基的液晶离聚物

众所周知，磺酸基是强极性基团，当液晶聚合物中含有少量磺酸基时，就可以表现出极性。部分带有磺酸基的液晶离聚物既可以表现出热致液晶性能，也可表现出溶致液晶性能。这类液晶离聚物在分子自组装、超分子液晶、结构材料的制备、高分子合金及复合材料的研究与制备等方面，起到增容与增强作用，作为一个崭新的研究领域，受到人们的重视。磺酸基液晶离聚物可通过带有磺酸基的单体与液晶单体进行共聚、共缩聚或接枝聚合，或对液晶聚合物磺化，得到目标产物。但是，由于强极性的磺酸基单体与弱极性或者非极性的液晶单体的共聚反应难度很大，反应时间长，产率低，制备困难，因而研究起步较晚。在20世纪90年代，研究有了较大进展，在分子设计的基础上，通过催化剂的选择、合成工艺的不断完善等大量工作，使反应时间明显缩短，产率显著提高，含磺酸基的液晶离聚物已成为既具有理论研究价值，也具有应用价值的一类液晶离聚物。

根据液晶基元的位置，可以将磺酸基液晶聚合物分三类：主链液晶离聚物、侧链液晶离聚物和网络离子液晶。下面首先讨论主链液晶离聚物。

2.1 含磺酸基的主链液晶离聚物

主链液晶离聚物主要分为主链的悬链上带有磺酸离子的液晶离聚物和端基带有磺酸基的液晶离聚物，由于前者的离聚物性能体现得更明显，研究的内容更丰富。

2.1.1 合成

本节先介绍主链的悬链上带有磺酸基的液晶离聚物的制备。寻找到溶解非极性或弱极性液晶单体和强极性的磺酸单体的共同溶剂是溶液缩聚反应的关键，除此之外，聚合方法的选择也很重要，相同分子设计采用不同聚合方法，产物也有差异。

1. 溶液缩聚法

Salamone等[1]用对苯二甲酰氯、1,4-苯二胺和2,5-二氨基苯磺酸，在 *N*, *N*-二甲基乙酰胺和氯化锂(DMAc/LiCl)中进行溶液缩聚，制备了悬链带有磺酸离子的主链液晶聚合物，其磺酸基单体在反应体系中的浓度分别为5%和10%(摩尔分数)，文章中没有对产物性能做详细论述。

2. 界面缩聚法[2,3]

界面缩聚的特点是两种(或几种)单体分别溶在有机相和水相中，在乳化剂存在下，反应在两相界面发生。其优点是反应速度快，解决了寻找极性单体和非极性单体的共溶剂的问题，这种方法已经用于工业生产；缺点是影响反应的因素较多，有的反应较难控制，产率不稳定，分子质量分散性较大。下面通过具体的实例来讨论界面缩聚反应制备液晶离聚物的问题。

将带有偶氮基团的单体(DDBA)和带有磺酸基团的离子单体亮黄(BY)溶于水中，物质的量比为50/50的癸二酰氯和十二碳二酰氯经混合后溶于二氯甲烷中，亮黄的含量占亮黄与DDBA之和的0～10%(摩尔分数)。在表面活性剂的存在下，将水相与有机相迅速混合，并高速搅拌，即得到含有不同浓度磺酸离子的聚酯类液晶离聚物。反应混合物经甲醇反复洗涤，干燥，得到由浅黄至深黄的系列产物。见合成路线2-1，配料比、产率和产物性质见表2-1。

表2-1　离聚物投料比与DSC结果分析[2]

样品	投料比				聚合物							
	DDBA /mmol	BY /mmol	BY[a] 摩尔分数/%	磺酸基质量分数 /(mmol·100g^{-1})	产率 /%	磺酸基质量分数[b] /(mmol·100g^{-1})	η_{inh}/ (dL·g^{-1})	二次升温 T_m /℃	二次升温 T_i /℃	一次降温 T_i /℃	一次降温 T_m /℃	$T^e_{5\%}$ /℃
LCP_0	3.00	0	0	0	91.3	0	0.54	150	235	226	125	381.8
LCP_1	2.97	0.03	1	3.8	89.4	3.4	0.45	141	226	218	107	374.8
LCP_2	2.94	0.06	2	7.5	84.5	5.3	0.38	145	230	223	115	371.6
LCP_3	2.88	0.12	4	14.7	85.6	9.7	0.36	151	237	234	128	380.3
LCP_4	2.82	0.18	6	21.8	56.7	21.6	0.20[c]	137	206	202	112	372.4
LCP_5	2.76	0.24	8	28.7	56.3	31.3	0.18[d]	140	206	201	116	370.6

a. BY的摩尔分数为BY的物质的量/(BY的物质的量+DDBA的物质的量)；

b. 元素分析结果；

c. 聚合物在氯仿中可溶部分为98.5%；

d. 聚合物在氯仿中可溶部分为97.8%；

e. 失重5%时的温度；

T_m：向列相向结晶相转变的温度；

T_i：各向同性向向列相转变的温度。

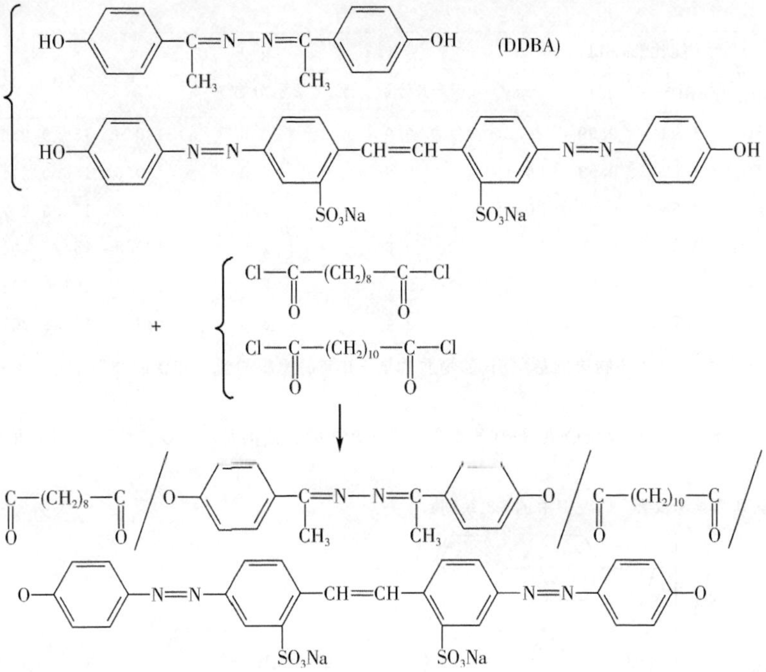

合成路线 2-1

将对联苯酚(BIP)、癸二酸(SD)、磺酸基单体(亮黄,BY)和上述单体中再加入异山梨醇(ISO),按照不同的配比合成了两个不同系列的主链的悬链带磺酸基的液晶离聚物[4],其 BY 在两种不同系列的聚合物中的摩尔分数相同,在表面活性剂的存在下,将水相与有机相迅速混合,并高速搅拌,即得到含有不同浓度的磺酸离子的聚酯类液晶离聚物。见合成路线 2-2。配料比、产率和产物性质见表 2-2。

表 2-2　离聚物投料比与 DSC 结果分析

样品	配比/mmol				ISO^a (摩尔分数)/%	BY^b (摩尔分数)/%	T_g	T_m	T_i	ΔT
	SD	BIP	ISO	BY						
$P1_0$	5.50	5.00	0	0	0	0	167.0	202.0	222.6	20.6
$P1_1$	5.50	4.95	0	0.05	0	0.5	136.1	164.5	242.0	77.5
$P1_2$	5.50	4.90	0	0.10	0	1.0	135.0	163.7	226.0	62.3
$P1_3$	5.50	4.85	0	0.15	0	1.5	134.6	162.6	211.0	48.4
$P1_4$	5.50	4.80	0	0.20	0	2.0	134.2	162.0	199.0	37.0
$P1_5$	5.50	4.75	0	0.25	0	2.5	133.4	159.0	190.0	31.0
$P1_6$	5.50	4.70	0	0.30	0	3.0	132.6	151.0	184.0	33.0
$P2_0$	5.50	4.00	1.00	0	10	0	111.2	141.0	186.8	45.8

续表

样品	配比/mmol				ISO[a]（摩尔分数）/%	BY[b]（摩尔分数）/%	T_g	T_m	T_i	ΔT
	SD	BIP	ISO	BY						
$P2_1$	5.50	3.96	0.99	0.05	9.9	0.5	130.9	159.9	216.1	56.2
$P2_2$	5.50	3.92	0.98	0.10	9.8	1.0	130.6	156.0	211.0	55.0
$P2_3$	5.50	3.88	0.97	0.15	9.7	1.5	130.2	155.6	207.0	51.4
$P2_4$	5.50	3.84	0.96	0.20	9.6	2.0	129.8	154.5	204.5	50.0
$P2_5$	5.50	3.80	0.95	0.25	9.5	2.5	129.2	154.0	203.5	49.5
$P2_6$	5.50	3.76	0.94	0.30	9.4	3.0	128.8	152.8	201.1	48.3

a. ISO 的摩尔分数为 ISO 的物质的量/（SD 的物质的量＋BIP 的物质的量＋ISO 的物质的量＋BY 的物质的量）；

b. BY 的摩尔分数为 BY 的物质的量/（SD 的物质的量＋BIP 的物质的量＋ISO 的物质的量＋BY 的物质的量）；

表中的 P1 系列为参考文献[4]表 1 中的 P3 系列。

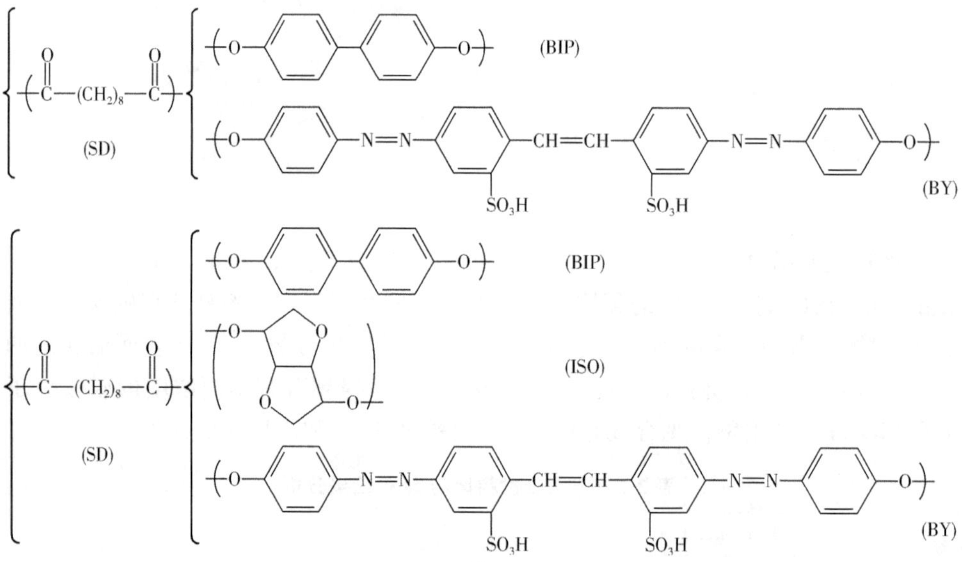

合成路线 2-2

3. 熔融缩聚法

Lin 等[5]通过熔融缩聚合成了带磺酸盐的聚酯。把合成路线 2-3 中的三种参与反应的单体及催化剂混合后，加热至 210～220 ℃时，脱去甲醇，得到液晶离聚物。这种方法更适用于实验室制备小批量产品。

Xue 和 Hara 通过熔融合成方法合成了带有磺酸钠的主链含萘环的刚性液晶

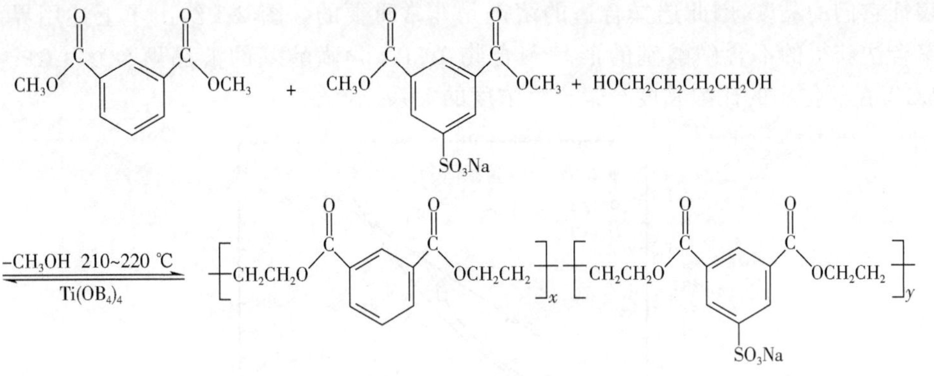

合成路线 2-3

聚合物[6]，该液晶聚合物由对羟基苯甲酸（HBA，纯度为 99%，熔点 215～217 ℃）、6-羟基-L-萘甲酸（HNA，纯度为 99.5%，熔点 248～250 ℃）和 5-磺酸钠间苯二甲酸（SSI）合成，反应在氮气保护下进行，合成路线 2-4 如下：

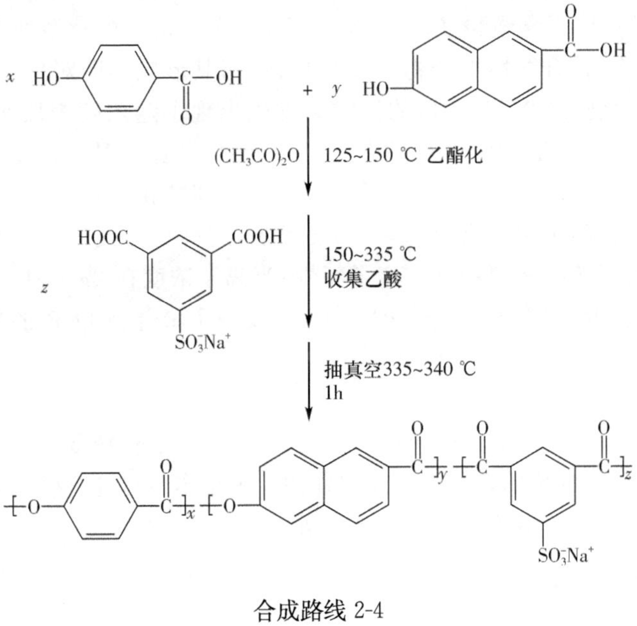

合成路线 2-4

2.1.2　液晶离聚物的溶液行为

由于吸附作用，含磺酸基的聚合物很难用 GPC 法测量其相对分子质量，通常用光散射法和黏度法表征。用黏度法表征聚合物的相对分子质量时，不同的溶剂测得的结果有很大的差异，只有那些对聚合物和离聚物溶解好的良溶剂才能正确表征它们的黏度,因此选择合适的溶剂是非常重要的。图 2-1 给出了上述用界面聚合法获得的不含磺酸基的液晶聚合物 LCP_0、含磺酸基的液晶聚合物 LCP_3 和 LCP_4 在氯仿中的比浓黏度与聚合物浓度的关系。

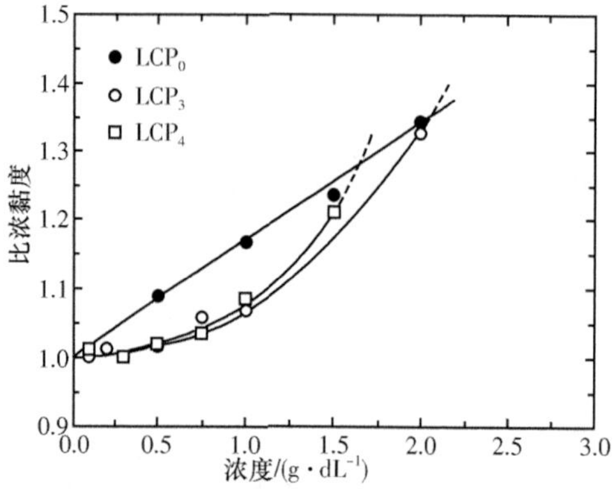

图 2-1　LCP_0、LCP_3 和 LCP_4 在氯仿中浓度与归一化比浓黏度的关系[2]

由图 2-1 可见,不含磺酸基的聚合物 LCP_0,在氯仿中的比浓黏度随其浓度的增加而线性增大,符合线性聚合物的变化规律;与其形成鲜明对比的是,虽然含磺酸基的液晶离聚物 LCP_3 和 LCP_4 的比浓黏度也出现了随浓度增加而增大现象,但呈非线性关系。当 LCP_3 和 LCP_4 的溶液浓度低时,其比浓黏度低于具有相同浓度的不含磺酸基的聚合物 LCP_0,可以理解为离子之间的相互排斥作用占主导作用;随离子浓度增大,离子交联机会增多,黏度增加,这种行为类似于一般离聚物的溶液行为[6],表明了液晶离聚物具有离子特性;当离子浓度在 $2g \cdot dL^{-1}$ 时,离聚物和聚合物的黏度相近,浓度大于 $2g \cdot dL^{-1}$ 时,黏度高于聚合物 LCP_0 的黏度。

2.1.3　光谱分析

光谱分析有很多种,如红外光谱、紫外光谱、荧光光谱、拉曼光谱等。光谱分析在有机化合物和聚合物的表征中起重要作用。由于本节讨论含磺酸基的液晶离聚物,这里侧重表征相关磺酸基团的光谱分析。

1. 紫外吸收光谱

图 2-2 是液晶聚合物 LCP_0 和液晶离聚物 LCP_1～LCP_5 在 250～550 nm 的紫外吸收峰。图中标明两个吸收峰,一个在 273 nm 处,一个在 350～400 nm 处。最大吸收峰在 273 nm 处,是 DDBA 的吸收峰,而后一个在 397 nm 附近的峰是亮黄的吸收峰。LCP_0 在 273 nm 的吸收峰最高,在 397 nm 附近没有吸收峰;含亮黄的聚合物 LCP_1 至 LCP_5 出现了两个吸收峰,随着亮黄在链中含量的增加,在 273 nm 处

的峰的强度递减，在 397 nm 附近的峰强度增加，并向高波数移动，表明亮黄已经参与聚合，不同浓度的亮黄表现了不同的峰强度。

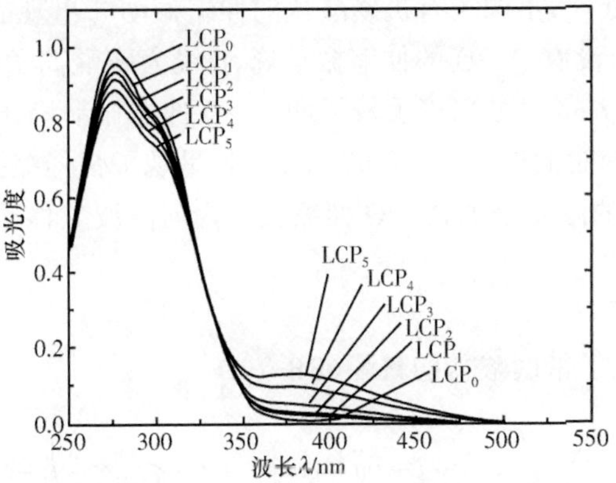

图 2-2　不同浓度的磺酸基聚合物的紫外吸收光谱[2]

2. 红外光谱

下面的结构式是另外一种主链含磺酸基的液晶聚合物，图 2-3 是其在 400～800 cm^{-1}处的红外光谱图。

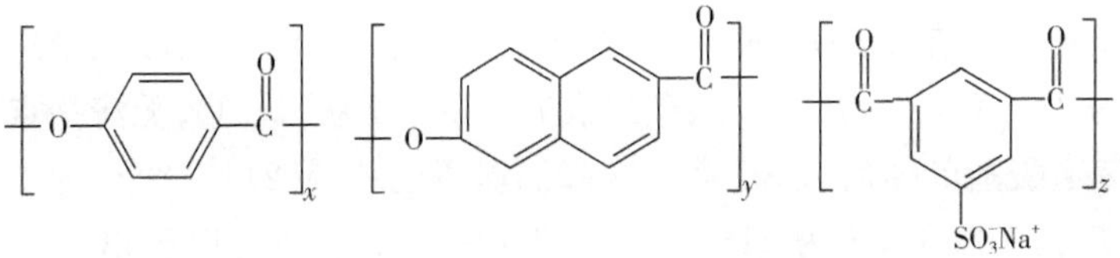

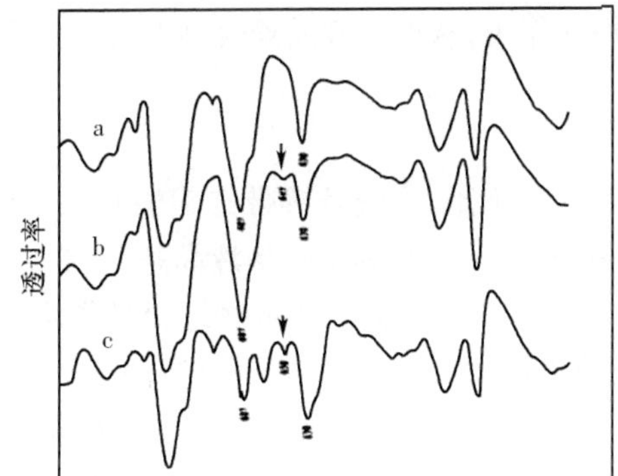

图 2-3　NTP 在 400～850 cm^{-1}波数区间的红外光谱[5]

a. 不含磺酸离子；b. 含有 1%（摩尔分数）磺酸离子；c. 含有 7%（摩尔分数）磺酸离子

有机磺酸盐 O═S═O 的不对称伸缩振动吸收峰与对称伸缩振动吸收峰分别在 1150～1260 cm^{-1}处和 1010～1080 cm^{-1}处，而图 2-3 中 S—O 伸缩振动吸收峰在 600～700 cm^{-1}处[5]，不同于有机磺酸盐的伸缩振动峰出现的位置。a 线为不含磺酸离子的聚合物，没有 S—O 的伸缩振动峰，b 线为磺酸离子含量为 1%(摩尔分数)的聚合物，在 647 cm^{-1}处出现了较弱的 S—O 伸缩振动峰，c 线为当磺酸离子含量达 7%(摩尔分数)时的聚合物，在 650 cm^{-1}处呈现了强伸缩振动峰，该结果表明了离子在聚合物中的浓度增加，S—O 伸缩振动峰向高波数移动(红移)。

2.1.4 热性能

用 DSC 法研究了带磺酸盐的聚酯(BB-6-x)

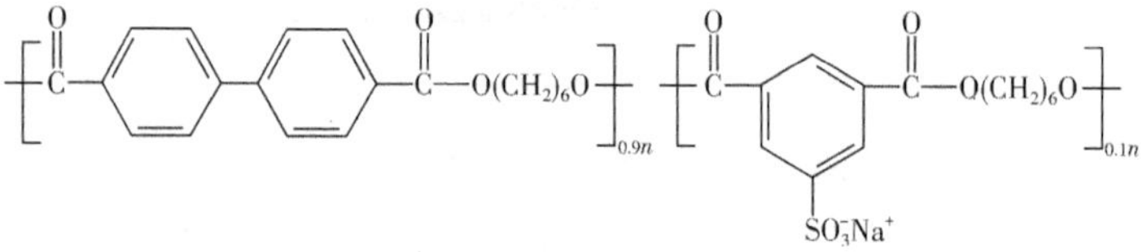

和与之相应的不带磺酸盐的聚酯

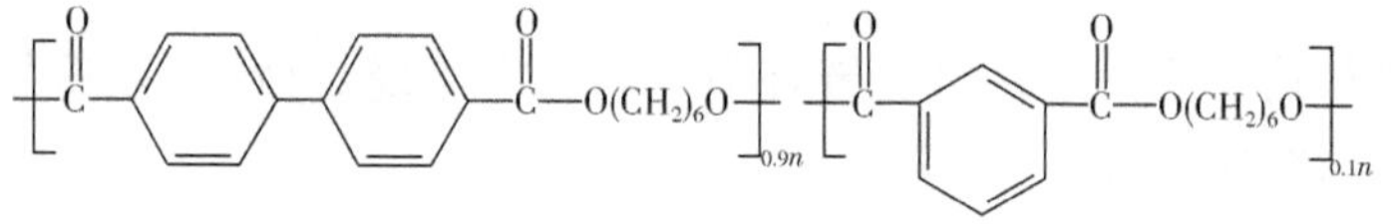

的相转变行为[7]。结果表明，通过 DSC 第一次降温测得的未引入磺酸基的液晶聚合物的 T_i为 197 ℃，T_m为 168 ℃；第二次升温的 T_m为 213 ℃，无清亮点，为单变液晶。引入带磺酸基单体后，DSC 第一次降温测得的 T_i为 211 ℃，T_m为 129 ℃；第二次升温的 T_m为 209 ℃，T_i为 218 ℃。比较这两种聚合物可以看出，离子的引入增加了液晶分子之间的相互作用，从单变液晶聚合物变成了双变液晶聚合物。

1. 玻璃化转变温度(T_g)

与相应的磺酸基离聚物相比，主链悬链带有磺酸基离子的液晶聚合物的玻璃化转变温度(T_g)受更多因素的影响，其中包括液晶基元和离子的结构[8～10]。

对于磺酸基离聚物，由于离子聚集作用或物理交联作用，磺酸基团的存在限制了主链的骨架运动，使链段活动能力变弱，T_g通常要高于不带磺酸基的相应的聚合物，离子含量越高，T_g升高的越明显[8]。图 2-4 是磺化聚苯乙烯的 T_g与磺酸基含量的关系曲线。从图 2-4 中可以看出，T_g随磺酸基含量增加而升高。

对于主链型磺酸液晶离聚物，T_g还取决于液晶基元的刚性、空间构型、柔性链的长短等。此外，磺酸离子基团所在的位置、与磺酸离子基团配对的阳离子价态乃至相同价态的不同金属离子等，都会对 T_g产生影响。

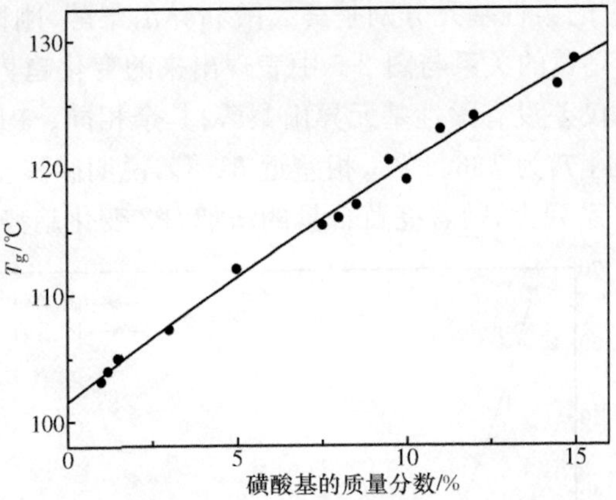

图 2-4　T_g与磺化苯乙烯中磺酸基团的质量分数的关系[11]

图 2-5 为 T_g与主链液晶离聚物中磺酸基团质量分数的关系。磺酸离子基团以悬链的形式连接在主链上[2]，液晶基元为刚性。不带离子基团的聚合物 T_g 为 27 ℃，当磺酸离子在链中的浓度很小时(质量分数 0.28%)，T_g略有升高，为 28 ℃，这是由于带有离子的非液晶单体取代了原来的液晶基元，但是介晶刚性基元减少的不多，离子的氢键交联作用使 T_g略有上升；随着离子浓度增加，T_g由 28 ℃下降至 13 ℃(离子浓度为 2.5%，质量分数)，虽然离子的交联作用使 T_g升高，但当带有较多磺酸基的基团取代了刚性介晶基团，分子链刚性变小，T_g下降；另外磺酸的体积效应也更加明显，一方面体积效应增加了空间位阻，阻挠链段运动使 T_g升高，而另一方面会导致分子链间的距离增大，即自由体积增大，有利于链段运动，T_g降低，其综合作用的结果是使 T_g下降。图 2-6 中的 P2 线是带有磺酸基团的亮黄的摩尔

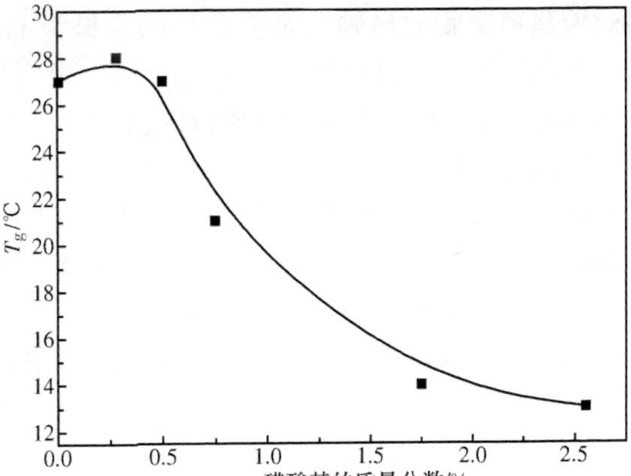

图 2-5　T_g与主链液晶离聚物中磺酸基团的质量分数的关系[2]

分数与 T_g 的关系，它的柔性基元分别是癸二酸和异山梨醇，刚性基元为对联苯酚，它所表现出的 T_g 与亮黄的关系与图 2-5 中表现出来的变化趋势一致。图 2-6 中的 P1 线和 P2 线相比，仅差没有柔性基元异山梨醇，其余相同。$P1_0$ 的 T_g 为167.0 ℃，而含亮黄为 0.5%时，T_g 为 136.1 ℃，相差近 31 ℃，说明磺酸基对刚性强的 P1 系列的影响较柔性 P2 系列大，随着亮黄含量的增加，P2 变化趋势与上面相同。

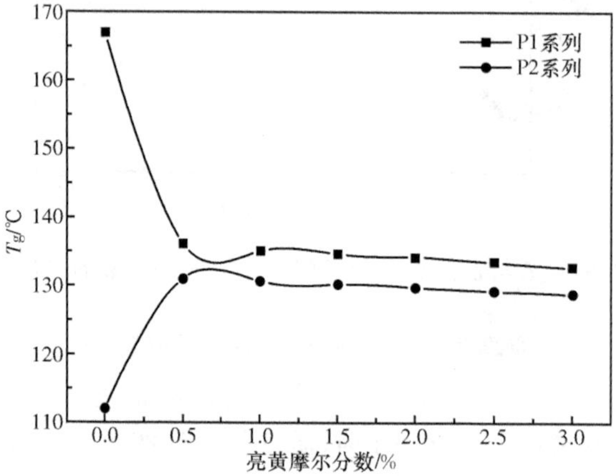

图 2-6 亮黄的摩尔分数与 P1 系列、P2 系列的 T_g 的关系

刚性基团对磺酸基主链液晶聚合物 T_g 的影响 采用 10%(摩尔分数)的对苯二甲酰氯取代了部分柔性的癸二酰氯脂肪族酰氯，同样是液晶单体 DDBA 和亮黄，采用相同的界面缩聚的方法，所得液晶离聚物的 T_g 全部为 122.6～188.8 ℃[12,13]，和文献[2]所得液晶离聚物比，升高了 100 ℃左右，图 2-6 中的 P1 线也充分说明了刚性基团能够显著提高磺酸基主链液晶聚合物的 T_g。

磺酸离子基团对液晶离聚物的影响 全芳香性的主链液晶[5]刚性极大(见合成路线 2-3 分子式)，当磺酸基的摩尔分数为 0、1%、2%时，没有出现 T_g；磺酸离子基团达 5%时才开始出现 T_g，当离子含量为 5%、7%、10%时，T_g 值分别为 95 ℃、96 ℃和 92 ℃；当离子含量达 15%时，T_g 突变至 127 ℃；在离子含量达 20%时，可以观察到两个明显不同的 T_g，T_{g1} 和 T_{g2} 分别为 115 ℃和 153 ℃，相差近 40 ℃。可以认为，有两种不同的变化趋势主导着 T_g 与磺酸离子的关系。其一是随着磺酸离子含量的增加 T_g 下降，其二是随着磺酸离子含量增加 T_g 上升。两个 T_g 的产生可用 Eisenberg 等[13]提出的模型解释。该模型是 Eisenberg 等沿用他本人提出的离聚物中存在两种聚集形式，即多重体和群集体的概念，并吸收硬球模型的思想提出的。该模型认为，在离聚物中，一定数量的离子对(一般少于 8 对)聚集在一起形成多重体，多重体的直径约为 0.6 nm，内部不含有碳氢链部分，外部包裹着一层厚度约 1 nm 的碳氢链，此层中碳氢链结构与基体相同，但由于离子多重体的影响，其链运动较基体受到更多的限制，称为运动受限区；分散的离子多重体在基体中起着交联点的作用，因而使材料的玻璃化转变温度（T_g）升高；随着离子含量的增加，多重体之间的平均距离逐渐减小，多重体外的运动受限区渐渐发生重叠，离子含量越大，这种重叠的区域也越大。当这种链运动受阻重叠区大到足以产生它自己的 T_g（即 T_{g2}）时，表明已形成了群集体，并且整个离聚物表现出相分离的特征行为。

当然，对主链带有悬链磺酸基团的液晶离聚物的 T_g 的深入研究尚需要大量的、充实的数据，才能得到更加全面的结果，从而有助于开展更深入的理论研究。

2. 熔点（T_m）与清亮点（T_i）

通常，主链液晶聚合物和液晶离聚物都存在熔点（T_m）和清亮点（T_i）。T_m 是由结晶态向液晶态转变的温度，由大的有序态向较小的有序态过渡，涉及大分子链的运动。从熔融熵 ΔS 考虑，熵增加，有序程度降低，熔点下降。含磺酸基的单体引入主链液晶聚合物悬链以后，原液晶链的结构规整性下降，对液晶聚合物有序态贡献大的液晶基元减少，相对于不带离子的主链液晶聚合物而言，一般是随着离子浓度的增加，熵增加，T_m 呈下降趋势。由图 2-7 可见磺酸单体含量在 2%（摩尔分数）以下时，对应的 T_m 下降的较快，然后趋于平缓。在偏光显微镜下观察，液晶织构随磺酸单体含量增加而趋于不明显。

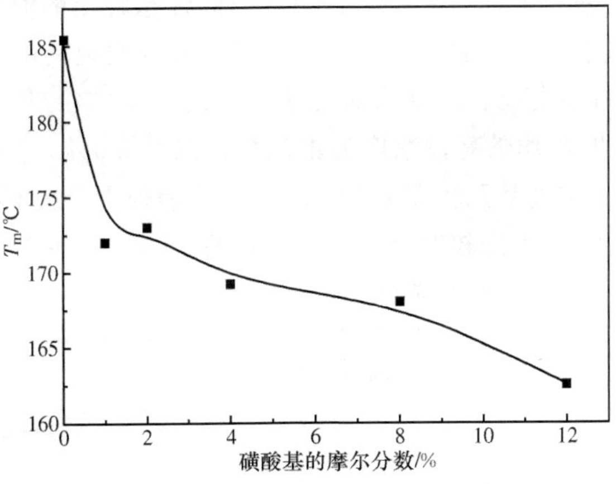

图 2-7　T_m 与主链液晶聚合物中的磺酸基团的摩尔分数的关系[12]

图 2-8 是 T_m 和 T_c（结晶温度，即液晶相向结晶相转变的温度）随离子含量变化的趋势曲线。随磺酸基含量增加，T_m 和 T_c 几乎呈线性关系下降。通常认为，熔融温度与片层厚度有关，结晶温度与分子的结晶能力有关。由于磺酸基团的空间效应和它们之间的相互作用，阻碍了链段运动，使离聚物结晶困难，片层厚度和结晶温度降低。这样的基元越多，熔点和降温结晶温度越低。但是，有的学者[5] 认为 T_m 和放热降温结晶温度 T_c 的下降不是离子之间的作用而引起的，而是由于带有扭

曲的离子基团引入刚性主链,破坏了原液晶聚合物的结晶性,从而降低了熔融温度,并且这样的基元越多,T_m下降的也越多。对放热降温结晶温度 T_c的下降也是由于扭曲的离子基团进入分子链后,链的周期性的破坏降低了结晶温度。

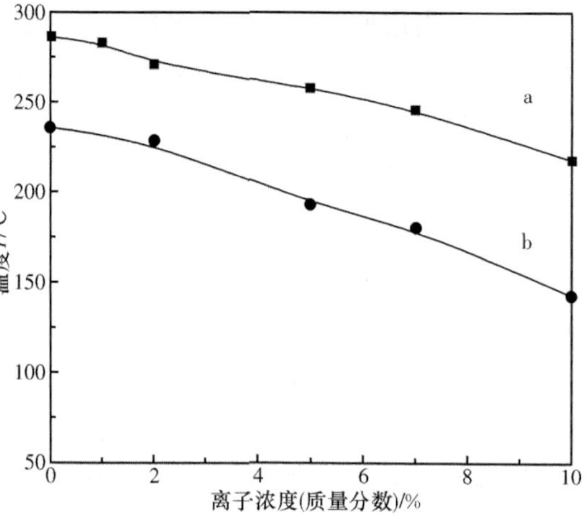

图 2-8　熔点温度(a)和结晶温度(b)随离子含量变化趋势[5]

清亮点(T_i)是液晶聚合物由液晶态向各向同性态转变的温度,亦即取向态向分子无序排列的液态过渡的温度,在 DSC 曲线上可以发现其焓变(ΔH)较熔融焓变小。T_i和 T_m一样也随离子浓度增加而逐渐降低。

图 2-9 中,T_i和 T_m均随亮黄浓度的增加(0.5%～3.0%)而下降,T_m表现出平缓下降的趋势;对于柔性基元较多的 P2 系列,T_i也表现出平缓下降,而对于含刚性基元较多的 P1 系列,T_i下降较明显。不含亮黄的 $P1_0$和 $P2_0$相对仅含亮黄为 0.5% 的 $P1_1$和 $P2_1$的 T_i和 T_m的变化较大。

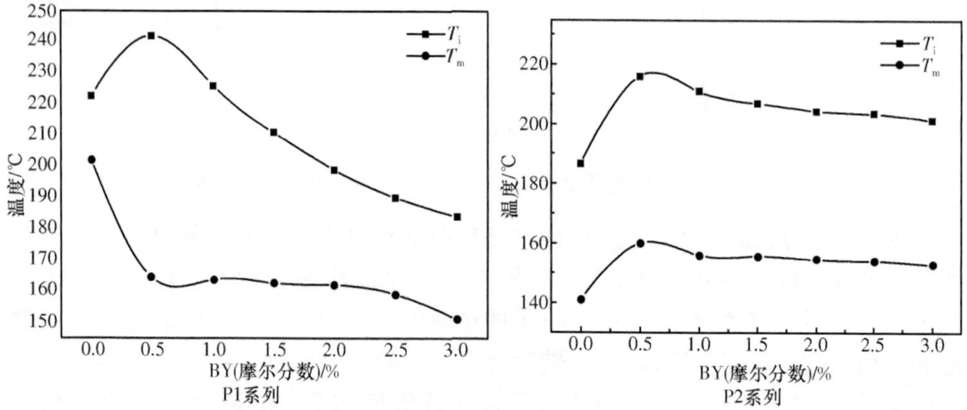

图 2-9　亮黄的摩尔分数与 P1 系列、P2 系列的 T_m和 T_i的关系

图 2-10 表现了 T_i 和 T_m 随离子浓度变化呈现出的更为复杂的变化趋势，共聚离子单体对液晶相的稳定性存在两种相反的作用。一方面，这种作用破坏了中介相序列的对称性，降低了各向同性态的转变温度，另一方面在适当的离子浓度下，离子基团的存在和聚集作用被认为稳定了液晶的结构，特别是近晶相。离聚物中这种影响尤为明显[7]。在磺酸钠的离子浓度较低时(摩尔分数低于 5%)，各向同性温度的降低归因于单体的键合。但是当离子浓度较高时(摩尔分数高于 10%)，液晶相显示的较高的耐热性，则是离子的聚集起主要作用。

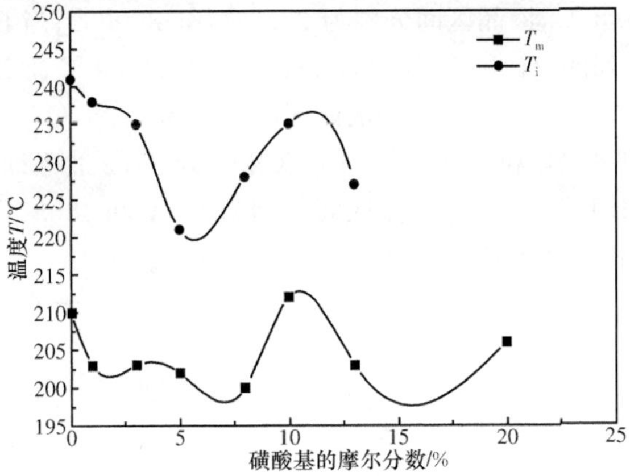

图 2-10　BB-6-x 的熔点 T_m 和清亮点 T_i 转变温度与磺酸基的摩尔分数的关系[7]

3. 焓变(ΔH)

通常 T_m、T_i 对应的焓变，随磺酸基含量增加而降低。磺酸基的引入破坏了链的规整性，焓变下降。与此同时，熔融峰的宽度随离子浓度的增加而加宽，这表明了微晶(晶粒)尺寸和晶粒分布(排布)的多样性，是由结构的多样性所致，如图 2-11。也有的样品当磺酸基团浓度在一定的范围内其相变焓值基本保持不变，表明结晶度变化不大。

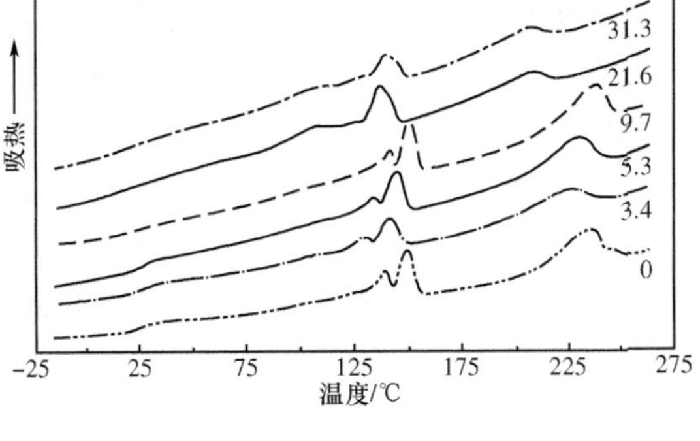

图 2-11　聚合物二次升温 DSC 曲线[2]

图中数字代表磺酸盐浓度(mmol · 100 g^{-1})

4. 液晶区间(ΔT)

下面由单体对联苯酚(BIP)、癸二酸(SD)、磺酸基单体(亮黄,BY)和上述单体中再加入异山梨醇(ISO),按照不同的配比合成了两个不同系列的主链的悬链带磺酸基的液晶离聚物[4],其BY在两种不同系列的聚合物中的摩尔分数相同,它们的液晶区间分别如图2-12a线和b线所示。其未加入BY时,由于异山梨醇部分取代了刚性的对联苯酚,使链的柔性增加,其熔点由202 ℃降到141 ℃,清亮点由222.6 ℃降到186.8 ℃,液晶区间分别为20.6 ℃和45.8 ℃;当BY仅为0.5%(摩尔分数)时,a线系列的 T_m 和 T_i 分别为164.5 ℃和242.0 ℃,b线系列的 T_m 和 T_i 分别为159.9 ℃和216.1 ℃,它们的液晶区间分别为77.5 ℃和56.2 ℃;当BY达到3%时,a线系列的 T_m 和 T_i 分别为151 ℃和184 ℃,b线系列的 T_m 和 T_i 分别为152.8 ℃和201.1 ℃,它们的液晶区间分别为33 ℃和48.3 ℃。由以上结果可见,适当地调整柔性基团的比例可以使液晶区间变宽。

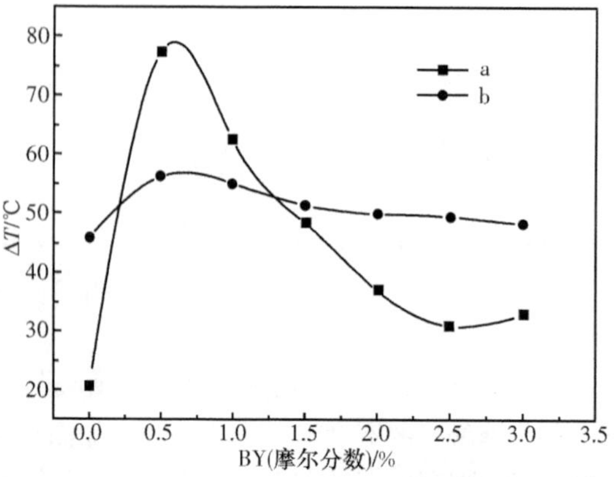

图2-12 BY的含量对两种系列液晶区间的关系

端基为磺酸基的主链液晶离聚物 对于由单体DDBA和快黄FY合成的端基带有磺酸基离子的液晶离聚物[12]的方法如合成路线2-5所示。

表2-3列出的是磺酸基质量分数(meq·100 g^{-1})分别为0、2、6、10时,聚合物LCP_0、LCP_1、LCP_2和LCP_3的产率和热性能,聚合物的 T_g 均为29 ℃,几乎没有变化,数据表明,对 T_m 和 T_i 的影响也不大,仅有1~2 ℃的变化,表明在主链液晶聚合物的端基引入磺酸基离子,对主链热性能影响不大。但是在聚合物的共混中起到增容和增强作用。

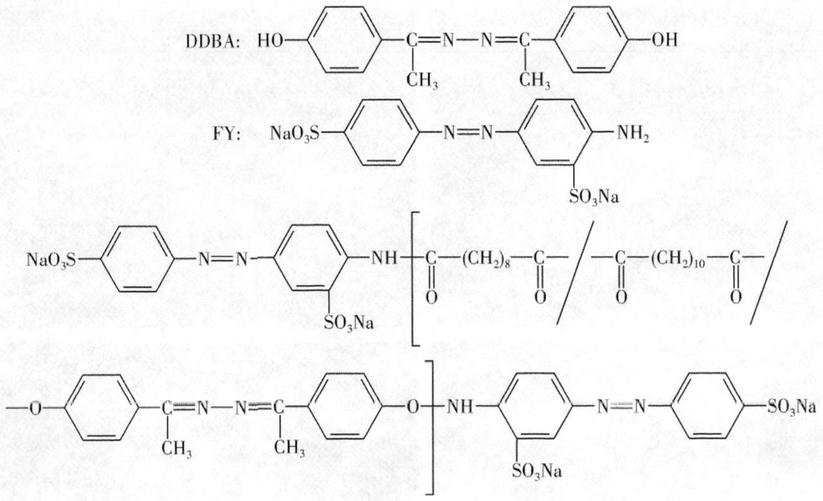

合成路线 2-5

表 2-3　摩尔投料比与 DSC 结果分析[12]

样品	投料比				聚合物							
								二次升温		一次降温		
	DDBA /mmol	FY /mmol	FY[a] /%	磺酸基质量分数 /meq·100g⁻¹	产率 /%	磺酸基质量分数 /meq·100g⁻¹	η /dL·g⁻¹	T_{m2} /℃	T_{i2} /℃	T_{i1} /℃	T_{m1} /℃	$T^{b}_{5\%}$ /℃
LCP_0	3.00	0	0	0	93.7	0	0.54	148	229	219	119	405
LCP_1	2.94	0.06	2	7.5	92.6	7.8	0.48	149	231	222	123	397
LCP_2	2.82	0.12	6	15.0	87.2	15.0	0.42	148	230	221	123	394
LCP_3	2.70	0.30	10	36.9	83.7	18.4	0.37	148	229	221	123	416

a. FY 的摩尔分数：FY 的物质的量/(FY 的物质的量＋azine 的物质的量)；

b. 失重 5%时的温度；

T_m：结晶相向向列相转变的温度；

T_i：向列相向各向同性转变的温度。

2.1.5　液晶离聚物的织构

多数主链液晶离聚物表现为向列织构。如有手性基团的存在，则多表现为手性近晶织构。离子的引入通常不改变液晶相的类型。图 2-13[14] 是带磺酸基的主链液晶离聚物和相应聚合物的偏光照片，由图可见，液晶织构虽然有变化，但是织构类型没有改变，但随离子浓度增加到一定浓度，液晶相消失。

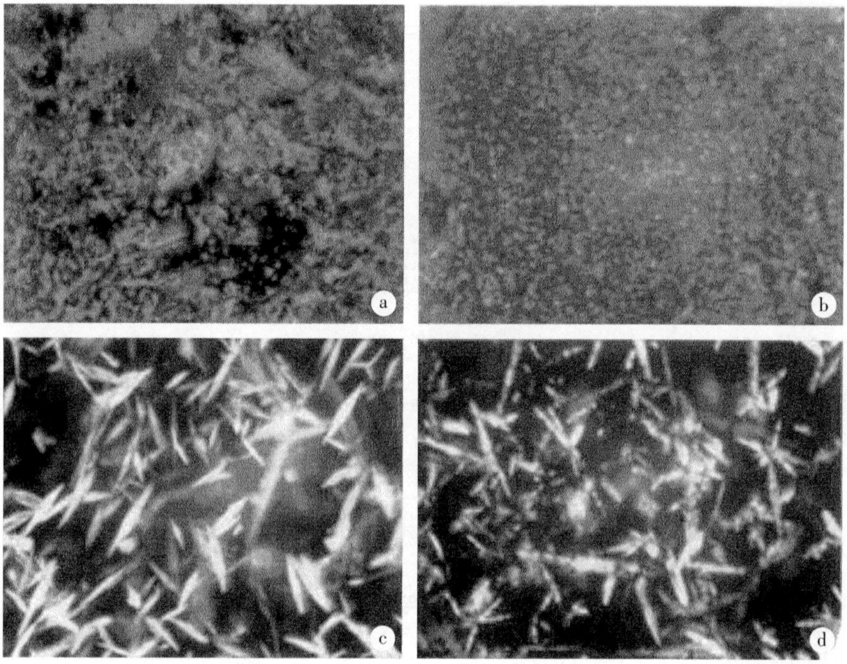

图 2-13

a. 主链液晶聚合物；b. 端基带磺酸离子的主链液晶；c. 主链液晶聚合物；d. 悬链带磺酸离子的主链液晶离聚物(a、b 为热致液晶，c、d 为溶致液晶)

2.2 含磺酸基的侧链液晶离聚物

磺酸基团具有非常强的离子性，把带有磺酸基团的强极性单体与无极性或极性很小的液晶基元共聚或接枝都很困难，相对于带有羧基和铵基的液晶聚合物制备难度较大，而相对于主链带磺酸基的液晶聚合物，侧链带磺酸基的液晶聚合物的合成难度更大。本节以侧链带磺酸基的液晶聚合物的合成、表征方法等作为研究重点。

2.2.1 合成

在侧链液晶聚合物的合成中，都涉及强极性的磺酸基团的液晶单体的合成，本书先介绍了带有磺酸离子的非液晶单体、液晶单体、非液晶交联剂和液晶交联剂的合成，从而为磺酸基类液晶聚合物的制备奠定基础。

1. 含磺酸基的离子液晶单体

下面先介绍磺酸离子以悬链形式连在苯环上，且磺酸基位于单体分子的中间部位的系列液晶单体 MI_n 的性能[15~17]。MI_n 的化学结构式如下：

MI_1：

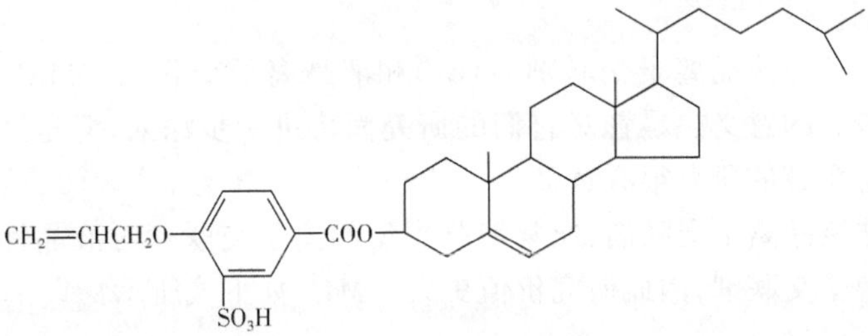

MI_2：

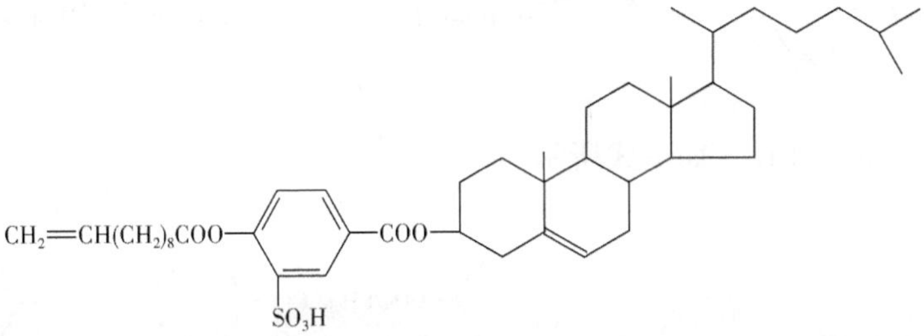

MI_3：

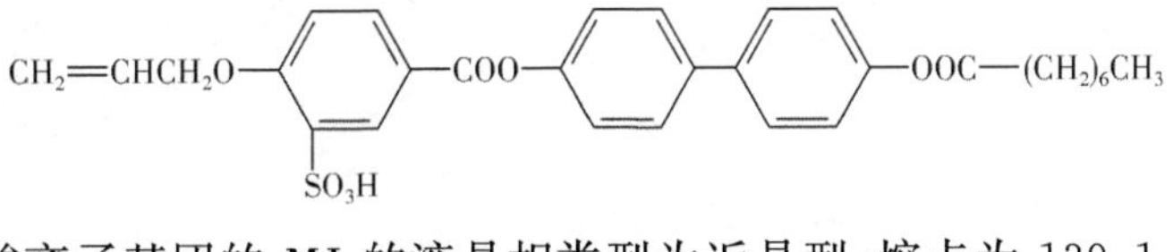

含有磺酸离子基团的 MI_1 的液晶相类型为近晶型，熔点为 139.1 ℃，清亮点为 238.3 ℃；与其对应的不带磺酸的液晶单体，液晶相类型为胆甾型，熔点为 116.1 ℃，清亮点为 243.2 ℃，对于该类单体，磺酸离子的引入导致液晶相类型改变，但液晶相区间变化不大。

含有磺酸离子基团的 MI_2 的液晶相类型为近晶-胆甾型，熔点为 112.2 ℃，近晶-胆甾液晶转变温度为 143.1 ℃，清亮点为 221.0 ℃，液晶相区间为 108.8 ℃，相对较宽；与其对应的不带磺酸的液晶单体只显示近晶相，熔点为 82.2 ℃，清亮点为 87.9 ℃，液晶相区间仅为 5.7 ℃。可见，对于该类单体，磺酸离子的引入，液晶相类型也发生了改变，除了都出现近晶相外，离子液晶单体又表现了胆甾相，液晶相区间也由 5.7 ℃提高到 108.8 ℃。这种显著变化表明，磺酸离子基团对于不同柔性链长度的液晶单体的影响是不同的，这不仅对分子设计有重要指导意义，而且有应用价值。

含有磺酸离子基团的 MI_3 的液晶相类型为向列型,熔点为 106.6 ℃,清亮点为 231.3 ℃,液晶相区间 124.7 ℃。

综上所述,离子引入对应的液晶单体会使液晶区间拓宽。液晶区间拓宽的程度取决于原液晶单体的结构,其中柔性基团的影响较大。离子基团的引入对液晶织构也有较大影响,使部分单体的织构类型发生变化,这点与下面讨论的液晶离聚物有较大区别。

下面介绍的非液晶离子交联剂(MC_1)和液晶离子交联剂(MLC)对液晶弹性体的制备有较大的意义。尽管对它们的研究尚待进一步深入,但是这类新的设计对压电材料等领域的研究很有意义。

MC_1 为非液晶离子交联剂,通常液晶类型的离子交联剂对液晶性能的影响要小于非液晶离子交联剂,因此研究价值更大。MC_1 如下式所示:

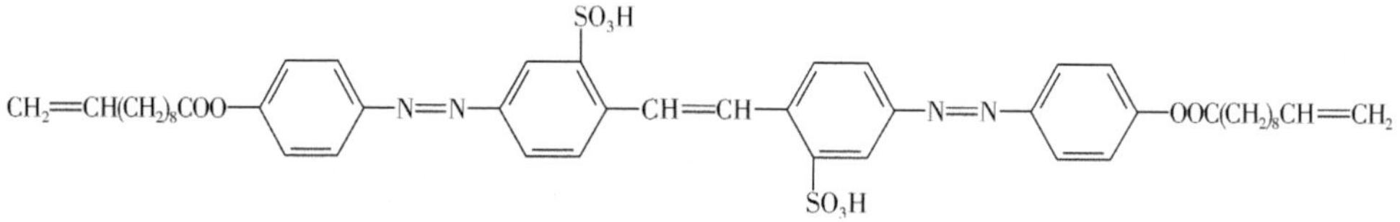

液晶离子交联剂 MLC[18] 如下式所示:

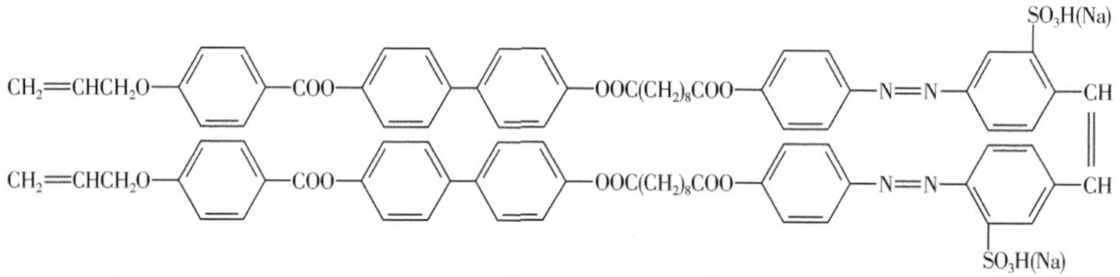

2. 含磺酸基的侧链液晶离聚物

液晶单体 4-烯丙氧基苯甲酰-4′-(甲氧基苯)酯和离子单体 4-烯丙氧基偶氮苯磺酸与聚甲基含氢硅氧烷接枝聚合,合成了系列侧链液晶离聚物,见合成路线 2-6[19]。

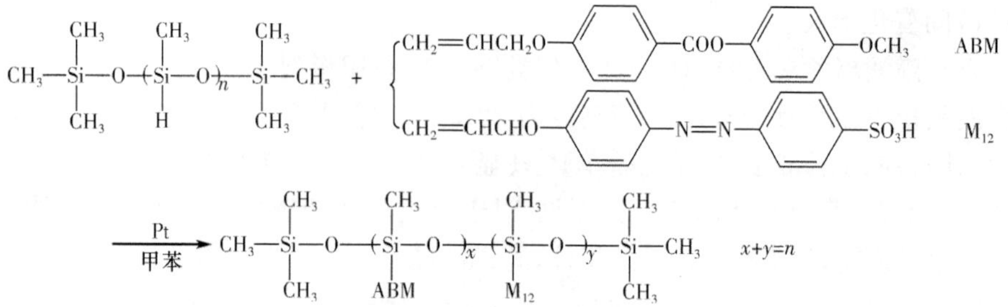

合成路线 2-6[19]

按表 2-4 给出的投料比，先将离子单体 M_{12}、聚甲基含氢硅氧烷(PMHS)按投料比加入甲苯中反应 24～28 h，然后加入液晶单体 ABM，再反应 48 h，反应温度控制在 70 ℃左右。用红外光谱监测反应，直至 2160 cm^{-1} 处的 Si—H 键消失。用二氯甲烷和甲醇混合液重结晶，真空干燥。所得聚合物性能表征结果见表 2-4。

表 2-4　聚合反应投料与 DSC，POM 和 SAXS 结果分析[19]

样品	投料比			DSC			液晶相	SAXS
	PMHS/mol	ABM/mol	M_{12}/mol	T_g/ ℃	T_i/ ℃	ΔT/ ℃		层间距/nm
P_0	1	7	0	8.7	42.0	33.3	扇型	20.5
P_1	1	6	1	10.0	91.6	81.6	扇型	18.8
P_2	1	3	4	9.0	90.6	82.6	沙粒	21.5
P_3	1	0	7	9.2	—	—	—	—

从表 2-4 可见，引入少量离子单体(ABM 与 M_{12} 物质的量为 6∶1)，液晶区间拓宽了 48.3 ℃；增大离子单体用量比(ABM 与 M_{12} 物质的量比为 3∶4)，液晶区间变化不大；当 ABM 用量为零时，液晶相消失。

还是以硅氧烷为主链、M_{12} 离子单体同上，用液晶单体 ABB 代替 ABM，反应条件同上[20]。

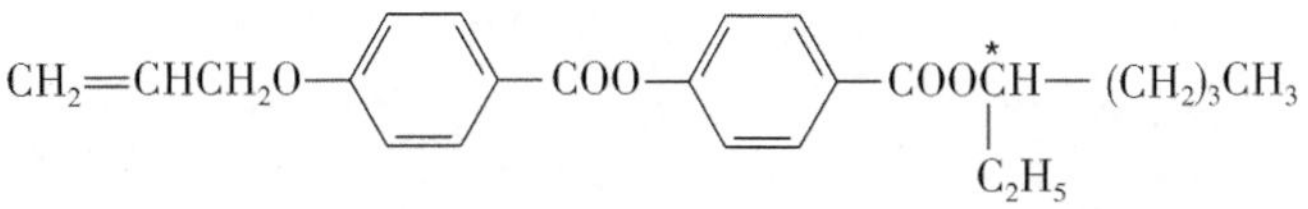

(ABB)

投料比和所得聚合物性能表征结果见表 2-5。比较 P_0 和 P_1 可以看出，液晶区间仅提高了 18.2 ℃，可见液晶基元对液晶区间的贡献很大，ABB 带有柔性尾链，因此液晶区间变化不是很大。液晶单体 ABB 为典型的近晶相，P_1 为近晶 A 相。其织构见图 2-14。

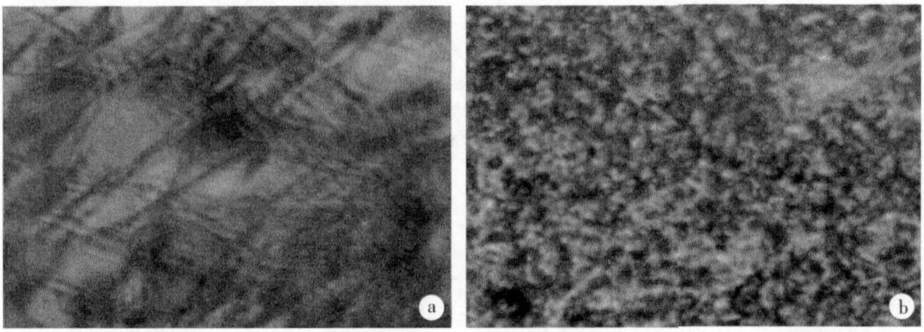

图 2-14　系列聚合物的偏光照片[20]

a. ABB(48 ℃)；b. P_1(100 ℃)

表 2-5 摩尔投料比与 DSC、POM 和 SAXS 结果

样品	投料比			DSC				液晶相	SAXS
	PMHS/mol	ABM/mol	M_{12}/mol	T_g/ ℃	T_i/ ℃	ΔT/ ℃	ΔH_{cl}/ $J\cdot g^{-1}$		层间距/nm
P_0	1	5	0	−5.5	100.5	106.0	4.9	SA*扇型	205.3
P_1	1	5	0.5	19.2	141.4	122.2	8.3	SA*扇型	187.8
P_2	1	5	1.0	22.1	146.7	124.6	10.5	SA*扇型	210.6
P_3	1	5	1.5	63.8	—	—	—	—	—

此外，还由含氢聚甲基硅氧烷、液晶单体 M_1 和离子单体 M_2 合成了含有磺酸基的侧链液晶离聚物 P[21]。

M_1

M_2

P

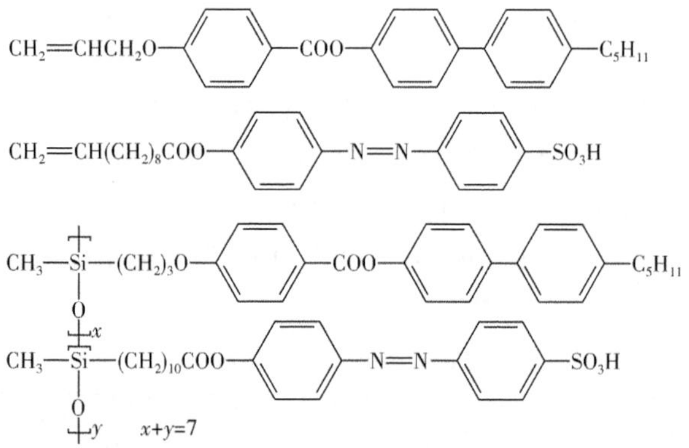

聚合物结构的 FTIR 表征结果见图 2-15。含氢聚甲基硅氧烷在 2160 cm^{-1} 的 Si—H 伸缩振动吸收峰消失，表明 M_1 和 M_2 已成功地接在含氢聚甲基硅氧烷主链上；随离子单体用量增加，636 cm^{-1} 处 S—O 的伸缩振动峰从 P_2 到 P_4 明显增强，而不含磺酸基的 P_1 在此处则没有吸收峰。聚合物热分析数据见表 2-6。

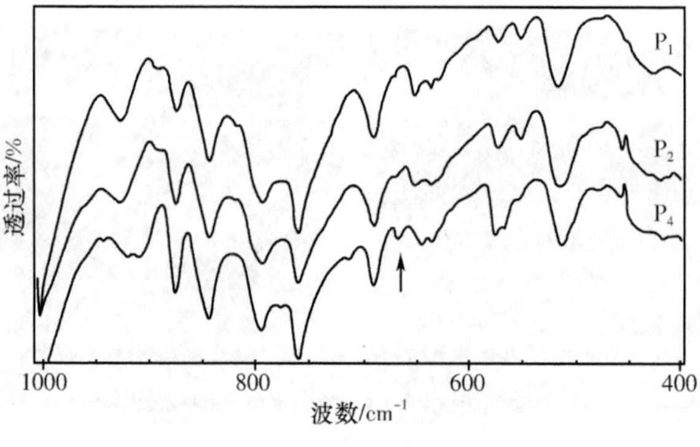

图 2-15 系列离聚物红外光谱[21]

表 2-6　离聚物反应投料比及热性能分析

样品	PHMS/M_1/M_2	x/%	T_{g1}/℃	T_{g2}/℃	T_i/℃	T_d/℃	相态
P_1	0.5/3.50/0.00	0.00	107.2	—	318.0	415.0	N
P_2	0.5/3.43/0.07	2.00	87.7	—	310.0	372.0	N
P_3	0.5/3.32/0.18	4.50	53.0	—	302.0	370.5	N
P_4	0.5/3.16/0.34	8.50	72.6	168.7	283.0	365.6	N

注：T_d：失重 5%时的温度；

x：离子单体 M_2在 M_1和 M_2中的摩尔分数。

表 2-6 中数据表明，随离子单体含量增加，侧链液晶离聚物的玻璃化温度先降低后略有升高。引入长侧链的磺酸基团对聚合物 P 的影响主要包括三个方面：增大自由体积、增加位阻和磺酸基团间产生氢键。自由体积增大有利于链段运动，导致玻璃化转变温度降低；位阻和氢键的存在不利于链段运动，导致玻璃化转变温度升高。可以认为，当离子单体含量低时，前者起主导作用；离子单体含量高时，后者起主导作用。这就是随离子单体含量增加，侧链液晶离聚物的玻璃化温度先降低后升高的原因。偏光图 2-16 表明，P_1 和 P_4 的织构基本相同，离子单体的引入对织构基本没有影响。

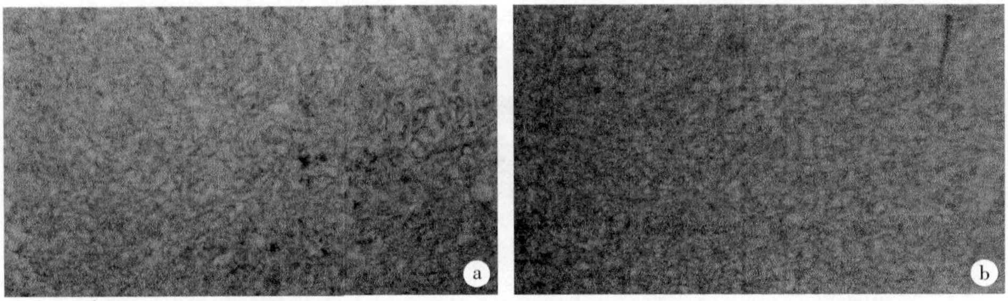

图 2-16　聚合物偏光照片[21]

a. P_1(180 ℃)；b. P_4(200 ℃)

我们合成了含有胆甾醇官能团的系列离聚物，离子单体(M_1)和离聚物的合成见合成路线 2-7，热性能和转变温度见表 2-7。

表 2-7　离聚物反应投料比及热性能分析

样品	投料比			DSC			
	PMHS/mmol	M_1/mmol	M_2/mmol	T_g/℃	T_c/℃	ΔH/J·g^{-1}	ΔT/℃
P_1	1.0	0	7.00	9.0	139.8	1.27	130.8
P_2	1.0	0.25	6.75	12.6	135.4	1.29	122.8
P_3	1.0	0.50	6.50	14.1	130.1	1.58	116.0

续表

样品	投料比			DSC			
	PMHS/mmol	M_1/mmol	M_2/mmol	T_g/ ℃	T_c/ ℃	ΔH/(J · g^{-1})	ΔT/ ℃
P_4	1.0	0.75	6.25	9.3	124.8	0.98	115.5
P_5	1.0	1.00	6.00	6.3	112.3	0.73	106.0
P_6	1.0	1.25	5.75	13.2	114.2	0.65	101.0
P_7	1.0	1.50	5.50	14.2	115.4	0.56	101.2

注：ΔT 为液晶区间。

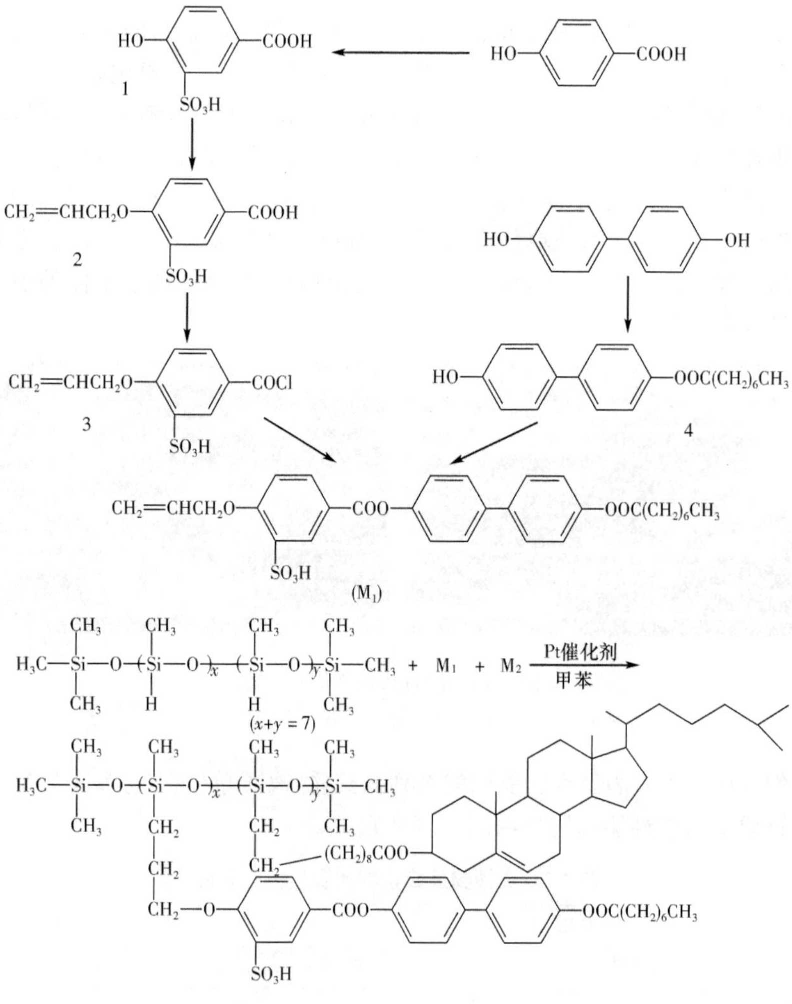

合成路线 2-7[15]

由表 2-7 可见，磺酸基团引入到聚合物中，聚合物的玻璃化温度变化不大，但是液晶区间明显降低。偏光织构如图 2-17 所示。

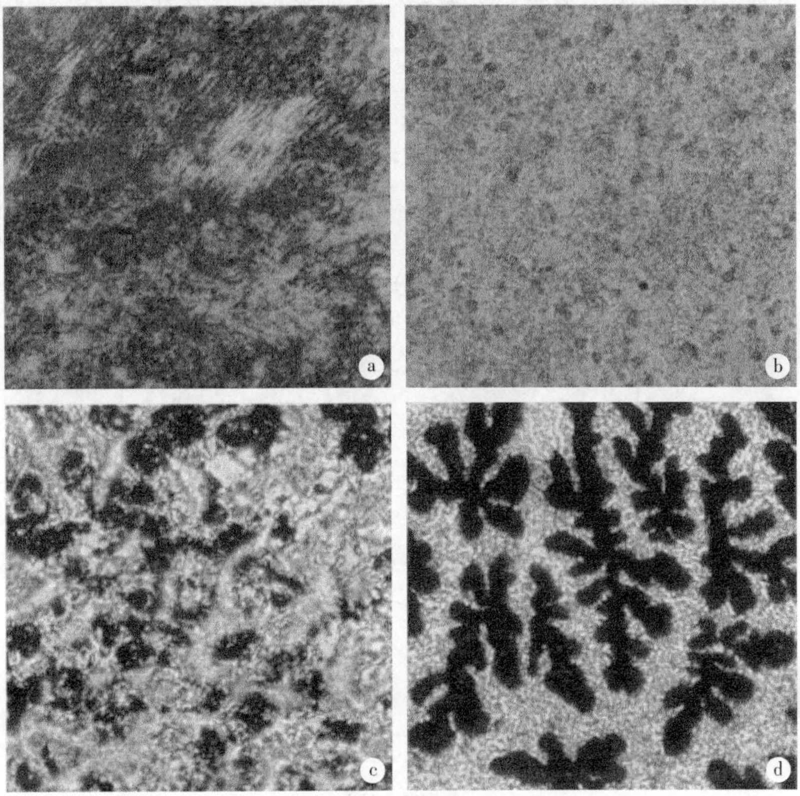

图 2-17　离聚物织构

a. P_1，136 ℃；b. P_3，125 ℃；c. P_5，110 ℃；d. P_7，111 ℃

图 2-17 中，a 为液晶聚合物 P_1 在 136 ℃呈现的平行织构；b 为液晶离聚物 P_3 在 125 ℃呈现的平行织构；c 为液晶离聚物 P_5 在 110 ℃呈现的晶枝生长；d 为液晶离聚物 P_7 在 111 ℃呈现的晶枝生长。

由于带有磺酸基团的单体与极性很小的液晶单体共聚存在一定的难度，通常是通过接枝的方法将它们引入硅氧烷主链。即使这样也存在反应时间长、含氢硅氧烷的氢易发生副反应等缺点。在接枝共聚时通常是先在硅氧烷主链上引入离子单体，然后再引入液晶单体，多采用铂酸作催化剂，也可以采用锑的氧化物作催化剂。

2.2.2 性质

本节重点讨论将磺酸离子引入液晶侧链对液晶的热运动及液晶性能产生的影响。

1. 玻璃化转变温度(T_g)

液晶单体为 ABB 的带有磺酸基的侧链液晶离聚物中,由于 ABB 有较长的柔性端基链,其熔点(46.9 ℃)和清亮点(55.6 ℃)都不高,液晶区间仅为 8.7 ℃。随磺酸基团浓度的增加,T_g升高(图 2-18)。由不含离子基团的液晶聚合物的 $T_g=-5.5$ ℃升高到带离子基团 1.5%(摩尔分数)的液晶聚合物的 $T_g=63.8$ ℃,升高幅度达 69.3 ℃,可见磺酸基对 T_g的贡献很大。

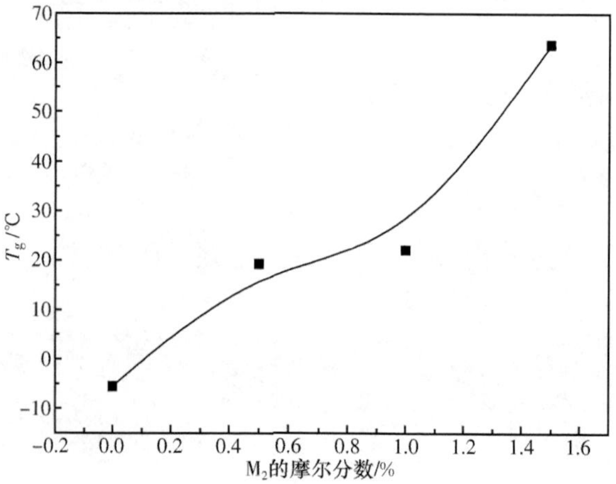

图 2-18 T_g 与 M_2 含量的关系[20]

离子对刚性链的影响较小[8]。虽然离子基团与前者相同,但液晶单体 ABM 的熔点较高(98～100 ℃),刚性较强,离子基团引入量即使高达 50%(摩尔分数),与不带离子基团的液晶聚合物相比,T_g仅升高 1 ℃左右,基本没影响。

2. 熔点(T_m)与清亮点(T_i)

通常,侧链液晶聚合物没有熔点。带有离子的液晶离聚物的 T_i均高于不带离子的液晶聚合物,且随离子浓度的增加,T_i升高,液晶相区间也由窄变宽。偏光显微镜观察和 X 射线小角散射数据表明,它们均为近晶 A 类液晶,磺酸基离子的引入没有改变中介相类型。但随离子浓度增加,不仅稀释了液晶基元的浓度,也干扰了液晶基元的整齐排列,液晶相逐渐消失。图 2-19 为参考文献[22,23]中 T_i与离子单体含量的关系,离子单体增加,T_i增加;浓度进一步增加,T_i趋于平缓,离子单体浓度再增加，液晶相消失。

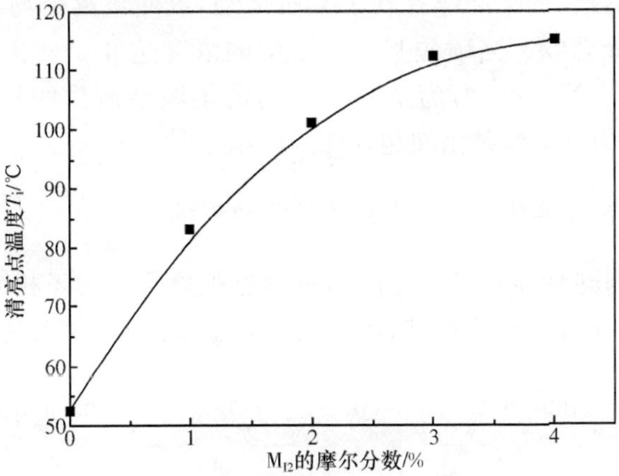

图 2-19　T_i随 M_{12}含量不同的变化曲线[22]

事实上，将带有离子的基元引入液晶中，通常起两种作用，一种是对液晶基元浓度的稀释作用，一种是离子之间的相互吸引或交联作用。前者使 T_i下降，后者使 T_i升高。磺酸基的离子作用明显，远大于稀释作用，因而 T_i升高，液晶区间拓宽。

3. 液晶织构的 SAXS 表征

图 2-20 给出了液晶离聚物与不带磺酸离子的液晶聚合物的 SAXS 实验结果。文献报道[17]，不带磺酸离子的液晶聚合物 P_1，在小角 2.5°左右存在一个尖锐的尖峰，判定 P_1为等间距层结构的有序取向，为近晶相；液晶离聚物 P_2和 P_4在相同小角处也存在尖峰，因而 P_2和 P_4也为近晶相，说明磺酸离子基本不影响液晶相类型。

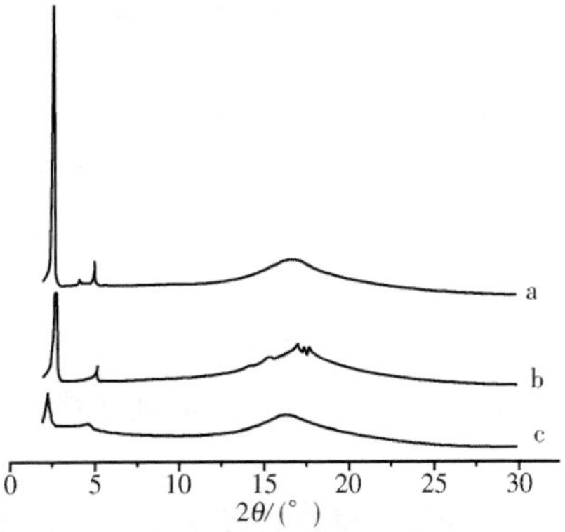

图 2-20　液晶离聚物的 X 射线衍射图[17]

a. P_1；b. P_2；c. P_4

液晶离聚物的磺酸基也在端基，但是柔性链较长，磺酸基团的极性作用不足以限制链段运动，而较长的柔性链有利于链段运动，致使该离聚物的 T_g 低于相应的不带磺酸基团的聚合物。当磺酸基团在链中的浓度达 8.5%(摩尔分数)时，甚至出现了第二个 T_g。第一个 T_g 为 72.6 ℃，是链柔顺性所作的贡献，第二个 T_g 为 168.7 ℃，可以认为是磺酸基团间相互作用的结果[23]。

4. 离子的位置对单体及液晶离聚物性质的影响

离子的位置对热性能和液晶性能的影响也很显著。对于相同的磺酸离子，当单体 M_1 的磺酸离子没有位于端基，而是位于离端基较远处[15]，其结构式如下：

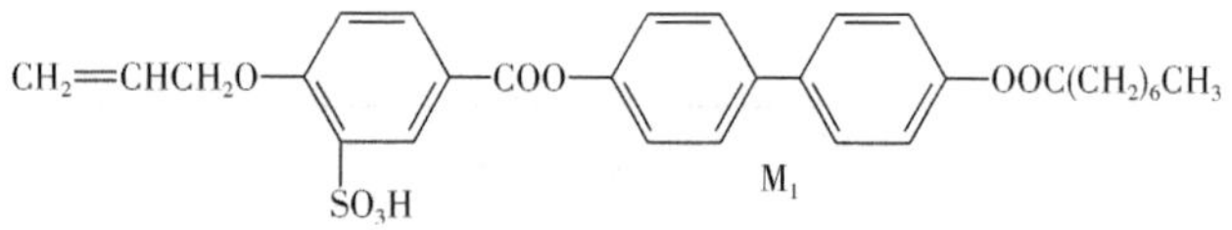

液晶单体为向列相，区间从 T_m(106.6 ℃)至 T_i(231.3 ℃)，液晶区间宽达 124.7 ℃。当单体 M_1 不带磺酸离子时，液晶相为近晶相，液晶区间为 69～108 ℃，仅为 39 ℃。带有磺酸离子的液晶单体使液晶由排列规整的近晶相，变为向列相，磺酸基使液晶的有序性降低，但液晶区间增加了 85.7 ℃。

由含有磺酸离子的 M_1 合成液晶离聚物 P[15]时，其结构式如下：

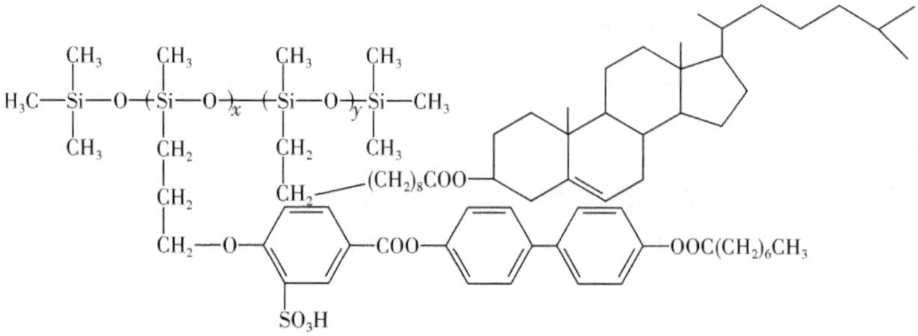

上式磺酸基团位于链端较远处，对液晶离聚物的 T_g 和 T_i 的影响较小，通常 T_i 随离子在链中的浓度增加而下降，随着磺酸基在链中浓度的增加，T_i 也呈现下降趋势，当离子浓度达 1.8%(质量分数)时，T_i 变化已经较小。对 T_g 的影响也较小，相对离子在侧链端基的液晶聚合物的合成也容易许多。

总之，液晶基团的性质、离子在链中的位置和链的柔顺性等都对液晶离聚物的性能产生很大影响，在分子设计时应充分考虑。这样，才能获得预期目标的液晶离聚物。

2.3 含磺酸基的离子液晶弹性体

本节介绍的离子液晶弹性体不是靠非共价键自组装形成的，而是离子以悬链或某种形式自由存在于弹性体中，即不参与自组装作用。例如，在下面的离子液晶弹性体中，磺酸基离子以交联剂的形式存于以聚硅氧烷为主链、以胆甾型液晶单体为支链的离子液晶弹性体中。

2.3.1　向列型离子液晶弹性体[24]

采用向列型液晶单体和离子单体 2,2′-(1,2-亚乙烯基)双-[5-[(4-十一烯酰氧基)苯基]偶氮]苯磺酸与聚甲基含氢硅氧烷接枝，合成了系列侧链液晶离聚物，投料比见表 2-8。合成方法见合成路线 2-8，单体 M_1 和 MC_3 分别为液晶单体和非液晶离子交联剂，M_1 为向列型液晶单体，液晶区间为 69.1～221.8 ℃。

表 2-8　P1C₃ 系列聚合物的投料情况[24]

聚合物样品号	投料的物质的量/mmol			交联剂组分所占物质的量比ᵃ/%
	PMHS	M_1	MC_3	
$P1C_{3-0}$	1.0	7.0	0	0
$P1C_{3-1}$	1.0	6.6	0.2	2.5
$P1C_{3-2}$	1.0	6.2	0.4	5.3
$P1C_{3-3}$	1.0	5.8	0.6	8.1
$P1C_{3-4}$	1.0	5.4	0.8	11.1
$P1C_{3-5}$	1.0	5.0	1.0	14.3
$P1C_{3-6}$	1.0	4.6	1.2	17.6
$P1C_{3-7}$	1.0	4.2	1.4	21.2

a. MC_3%(摩尔分数)＝MC_3的物质的量/(PMHS 的物质的量＋M_1的物质的量＋MC_3的物质的量)。

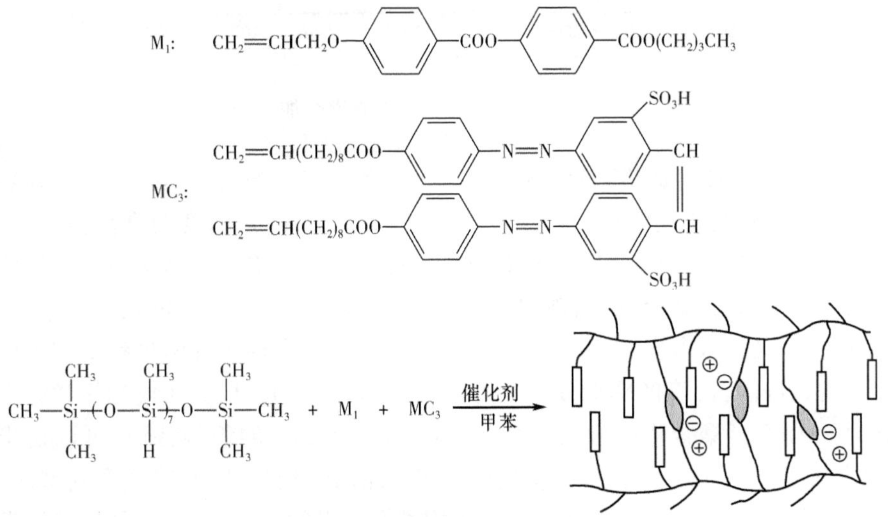

合成路线 2-8[24]

$P1C_3$系列液晶聚合物的红外叠加谱图见图 2-21。图中各曲线由高到低分别代表由 $P1C_{3-0}$至 $P1C_{3-7}$样品的红外光谱曲线。1075～1160 cm^{-1}处宽而强的多重吸收峰则是由硅氧烷链 Si—O—Si 的伸缩振动吸收引起的，C—O 伸缩振动峰与S ═O伸缩振动峰在红外光谱图中容易发生重叠，即图中出现 1260～1185 cm^{-1}的多重峰，$P1C_{3-4}$ 系列红外光谱曲线中没有 PMHS 中 Si—H 键在 2160 cm^{-1}左右的伸缩振动吸收峰及 C ═C 双键的特征吸收峰，说明 PMHS 中 Si—H 已与单体 M_1和 MC_3反应，表明单体与 PMHS 发生聚合反应，合成了主链为硅氧烷的侧链离子液晶弹性体，合成路线 2-8 给出了硅氧烷的侧链离子液晶弹性体的示意图。

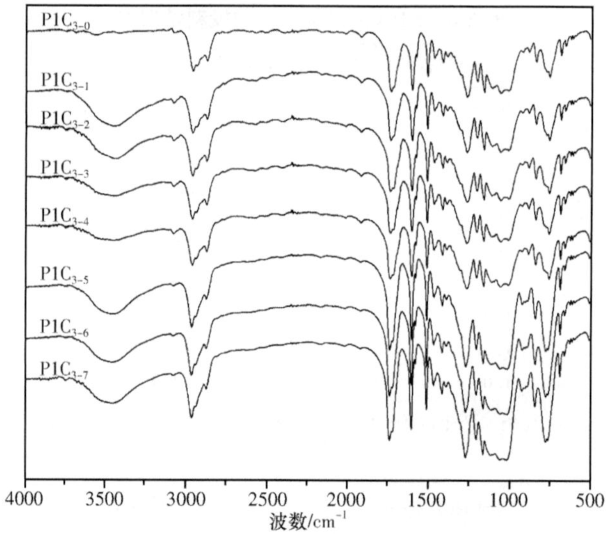

图 2-21　弹性体 $P1C_3$系列红外光谱叠加谱图[24]

当把样品 $P1C_{3-5}$加热到聚合物 T_g以上时，视野越来越亮，并出现彩色，在彩色背景中出现一些细小丝状物，且轻微流动，见图 2-22a；随着温度的升高，细小丝状物开始合并，呈现向列相特有的丝状织构，见图 2-22b；当升温到接近 T_i 时，熔体流动加快，黑丝开始快速合并，出现如图 2-22c 的纹影织构，随后彩色织构开始消失，视野变黑，样品进入各向同性的液态。在降温过程中，出现与升温过程中相类似的丝状织构，且随着温度的降低逐渐变得模糊，见图 2-22d。根据在偏光显微镜下观察到的 $P1C_3$系列聚合物中液晶弹性体 $P1C_{3-1}$～$P1C_{3-7}$的织构特征，可以初步判定，液晶弹性体 $P1C_{3-1}$～$P1C_{3-7}$呈现向列相液晶的织构特征，是互变向列型液晶。随着交联度的增大，其纹影织构和丝状织构都有一定的区别，但是液晶的织构类型没有改变。

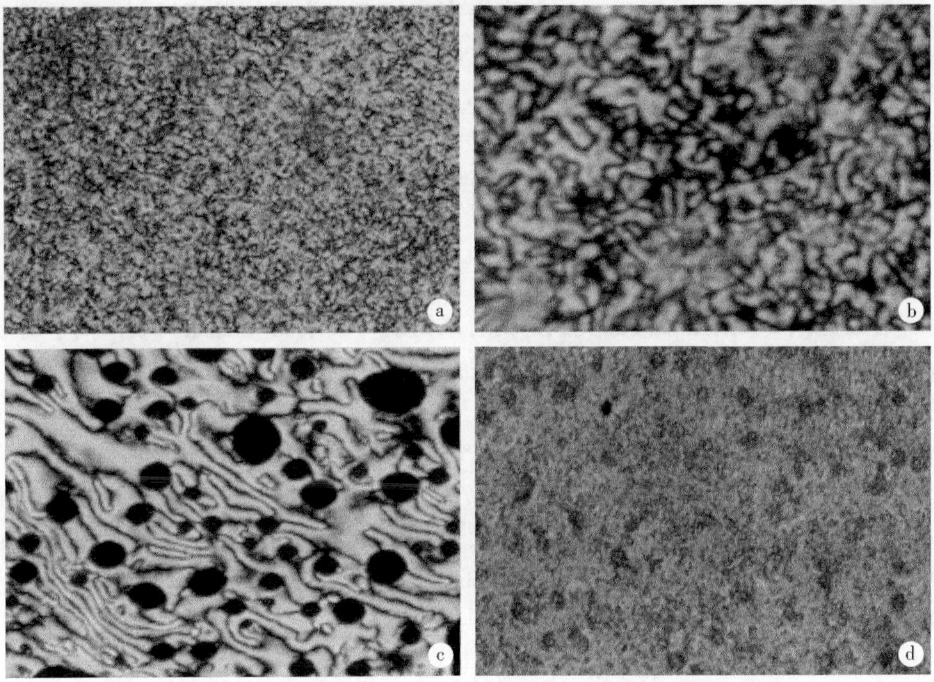

图 2-22　液晶弹性体 $P1C_{3-5}$的偏光照片(×200)[17]

a. 升温 46.4 ℃;b. 升温 99.2 ℃;c. 升温 173.2 ℃;d. 降温 136.8 ℃

该系列侧链液晶聚合物出现了两种热转变行为,即温度较低的 T_g和高温区的 T_i。随着聚合物体系中含磺酸离子基团交联剂含量的增加,$P1C_3$ 系列液晶聚合物的 T_g略有上升;而 T_i总体呈现下降趋势,液晶离聚物弹性体的相转变温度及对应的热焓见表 2-9,随交联剂增多,液晶基元减少,分子的有序度降低,焓变 ΔH_i越低,T_i下降越显著。

表 2-9　$P1C_3$系列液晶聚合物的相转变温度

样品号	T_g/ ℃	T_i/ ℃	ΔH_i^a/(J·g^{-1})	ΔT^b/ ℃
$P1C_{3-0}$	26.5	216.1	2.13	189.6
$P1C_{3-1}$	26.5	200.1	1.17	173.6
$P1C_{3-2}$	26.6	191.4	1.05	165.8
$P1C_{3-3}$	26.8	189.2	0.97	163.4
$P1C_{3-4}$	27.1	176.1	0.96	149.0
$P1C_{3-5}$	27.9	176.0	0.58	151.1
$P1C_{3-6}$	—	—	—	89.4
$P1C_{3-7}$	—	—	—	80.2

a. ΔH_i清亮点的焓变;

b. $P1C_{3-6}$和 $P1C_{3-7}$数据由 POM 观察得到。

液晶区间(ΔT)是介于玻璃化转变温度和清亮点之间的温度区间,它是由 T_g 与 T_i共同决定的,在本例中,T_g变化不大,因而主要取决于 T_i,液晶离聚物弹性体的液晶区间 ΔT 的变化趋势与 T_i一样,随体系中离子交联组分的增加呈下降趋势。

2.3.2 胆甾型和近晶型离子液晶弹性体

1. 液晶离子交联剂与硅氧烷共聚

合成路线 2-9 给出了液晶交联剂的合成路线。单体 M_i既是带有磺酸离子的液晶单体,也是交联剂。只有液晶离子交联剂与硅氧烷交联共聚也得到了离子液晶弹性体。表 2-10 的数据列出了投料比和聚合物的热性能,结合图 2-23 的 DSC 曲线表明,离子含量增加意味着液晶离子交联剂在链中浓度增加,当离子含量从 2.2%(摩尔分数)增加到 2.4%(摩尔分数)时,T_g分别为 62 ℃和 118 ℃;液晶基元和交联点增多使 T_g和 T_m都增加,而 T_i变化不大,液晶基元、离子的性质和浓度对液晶弹性体的热转变过程都做出了不同的贡献。研究各种液晶交联剂的结构、性能与液晶弹性体的关系仍需做大量的工作。

表 2-10 聚合物的投料比与热性能[25]

聚合物	投料比		离子含量/%	热转变温度/ ℃			
	PMHS/mmol	Mi/mmol		T_g	T_m	T_i	$\Delta H/(J\cdot g^{-1})$
P_1	1.0	1.0	2.2	62	157	238	13.67
P_2	0.8	1.0	2.4	118	173	234	32.91
P_3	0.6	1.0	2.5	109	175	238	41.72

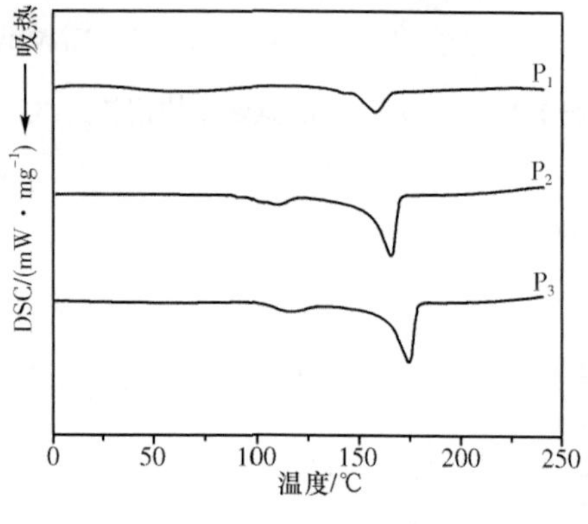

图 2-23 聚合物的二次升温的 DSC 曲线

T_m的温度变化也较大,分别为 157 ℃和 173 ℃[25],呈增加趋势。

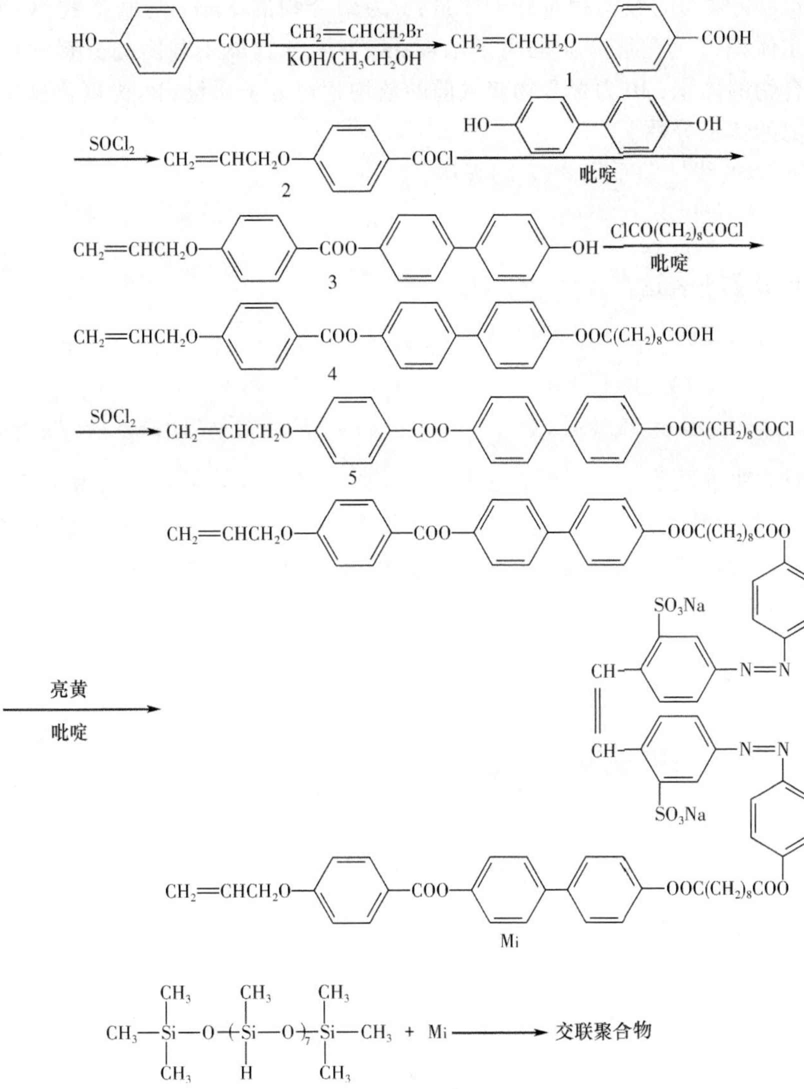

合成路线 2-9

离子弹性体较天然聚合物在水溶液中呈现更复杂的存在状态。当弹性体中含有离子基团时，溶胀程度极度增加。Flory-Rehner 模型仅能描述均一弹性体交联过程中交联点间的数均相对分子质量，离子弹性体不属于此类。所以 Brannon-Peppas 用式(2-1)表达阴-阳离子体系的离子作用：

$$V_1[K_a/(10^{-pH}+K_a)]^2(V_{2s}/V)^2/4I=[\ln(1-V_{2s})+V_{2s}+\chi V_{2s}^2]+[V_1/(VM_c)](1-2M_c/M_n)\times V_{2r}[(V_{2s}/V_{2r})^{1/3}-(V_{2s}/V_{2r})/2] \tag{2-1}$$

式中：M_c为交联间的数均相对分子质量；χ为聚合物的 Flory 溶胀参数；V_1为溶胀剂的摩尔体积；I为溶胀介质的离子浓度；K_a为聚合物离子基团的分解常数；V为干燥聚合物的体积；M_n为聚合物交联前的数均相对分子质量；V_{2r}为聚合物交联后，未溶胀前的体积分数。

χ和 M_c的线性关系用式(2-2)表达：

$$A = \chi + B/M_c \tag{2-2}$$

A和B如下表达：

$$A = \{V_1[K_a/(10^{-pH} + K_a)]^2(V_{2s}/V)^2/4I - \ln(1 - V_{2s}) - V_{2s} + 2V_1 V_{2r}[(V_{2s}/V_{2r})^{1/3} - (V_{2s}/V_{2r})/2]/(V M_n)\}/V_{2s}^2$$

$$B = V_1 V_{2r}[(V_{2s}/V_{2r})^{1/3} - (V_{2s}/V_{2r})/2]/(V V_{2s}^2)$$

相对实验参数如下：I=0.1 mol·L^{-1}；V_1=28.7 cm^3·mol^{-1}；M_n=800；pK_a=6.5。体积参数通过计算聚合物的密度值求得。用表 2-11 中的数据，计算溶胀平衡时的聚合物的体积分数 V_{2s}，且可以计算 A和B的值；由A和B的值对应的χ和 1/M_c的关系如图 2-24 所示。

表 2-11 聚合物的溶胀性能

聚合物	密度/(g·cm^{-3})	体积参数/(cm^3·g^{-1})	V_{2r}	V_{2s}				χ	M_c/(g·mol^{-1})
				pH 2.4	pH 3.5	pH 4.0	pH 4.5		
P_1	1.26	0.79	0.79	0.42	0.38	0.35	0.33	0.81	1250
P_2	1.31	0.76	0.76	0.50	0.44	0.34	0.30	0.85	1100
P_3	1.35	0.74	0.74	0.55	0.47	0.38	0.27	0.88	920

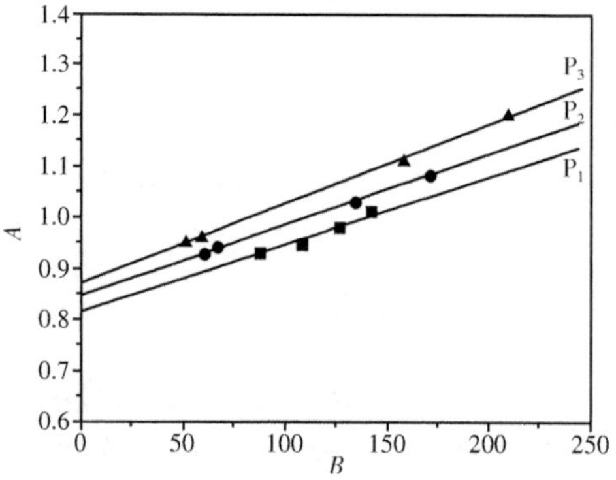

图 2-24 聚合物的 χ和 M_c值的关系

图 2-25 中 P_1的扇形结构的偏光照片表现了典型的近晶织构，P_2和 P_3与 P_1的织构相同，图 2-26 为聚合物 P_1、P_2、P_3的 X 射线衍射图，从织构与小角 X 射线衍射

进一步证明了聚合物是近晶型液晶。

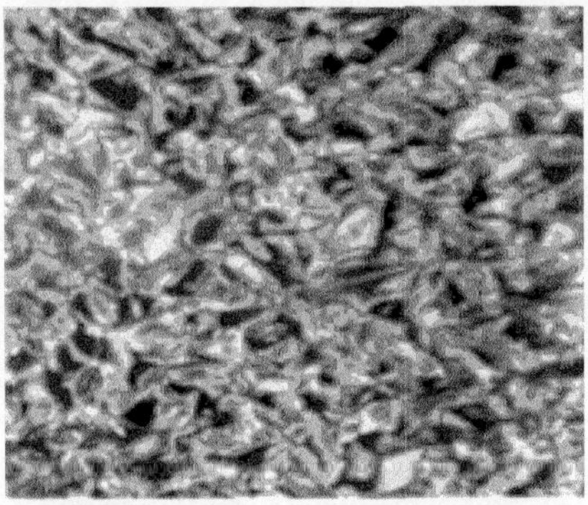

图 2-25　P_1在 187 ℃的偏光照片(×200)

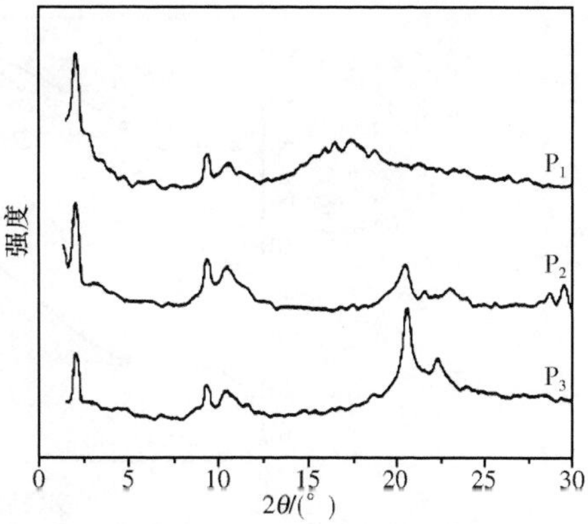

图 2-26　P_1、P_2、P_3的 X 射线衍射图

2. 液晶单体与带磺酸基的非液晶交联剂接枝共聚

用液晶单体十一烯酸胆甾醇酯和离子交联剂单体 2,2′-(1,2-亚乙烯基)双-[5-[(4-十一烯酰氧基)苯基]偶氮]苯磺酸与聚甲基含氢硅氧烷接枝聚合,合成了一系列侧链液晶离聚物。结构式如下[26]:

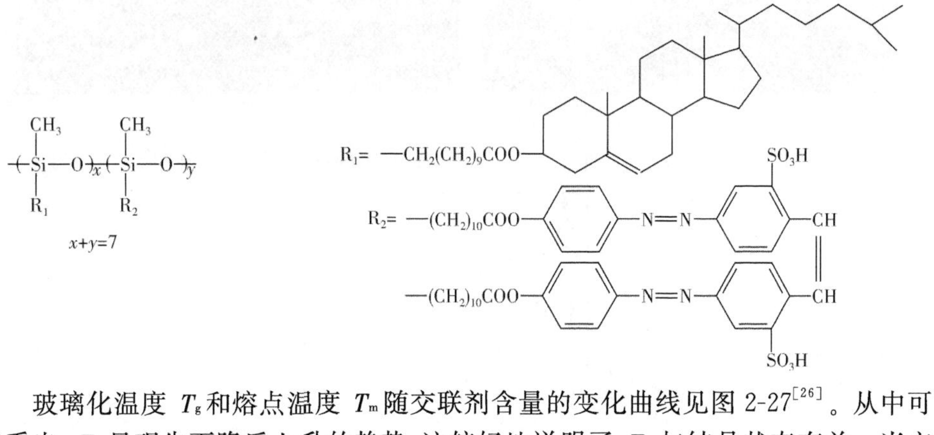

玻璃化温度 T_g和熔点温度 T_m随交联剂含量的变化曲线见图 2-27[26]。从中可以看出,T_m呈现先下降后上升的趋势,这较好地说明了 T_m与结晶状态有关。当交联剂含量较少时,刚性的液晶基元起主要作用。随着带有较多柔性链的交联剂的增加(试样 P_0～P_3),液晶基元减少,T_m呈下降趋势;随着交联剂含量进一步增加(试样 P_3～P_6),T_m随着呈上升趋势。这是由于刚性液晶基元减少到一定值后,交联作用和磺酸离子的相互作用促使 T_m的上升。虽然液晶单体呈胆甾相,偏光显微镜观察到聚合物为破碎焦锥织构和扇形织构(图 2-28),而且聚合物具有 X 射线小角散射(图 2-29)。综合两个实验结果,可以确认该离子液晶弹性体为近晶织构。

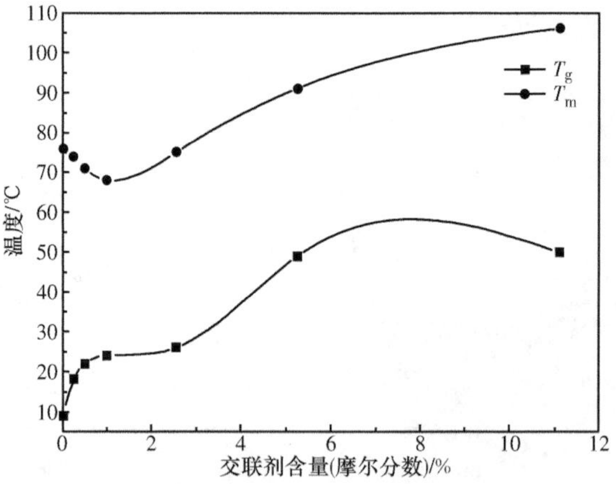

图 2-27　玻璃化温度 T_g 和熔点温度 T_m 随交联剂含量的变化曲线

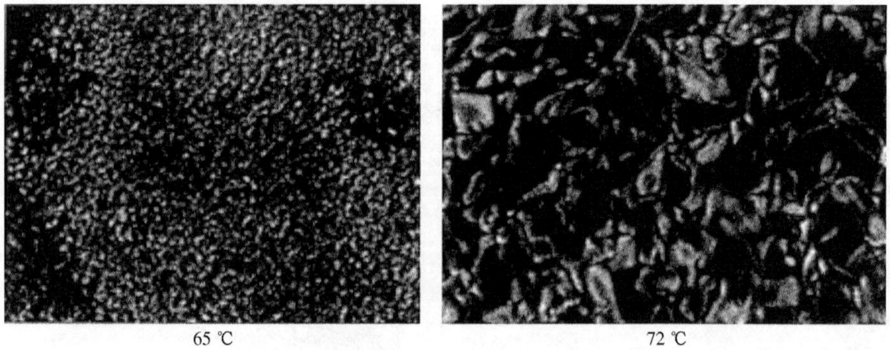

图 2-28　液晶弹性体 P_2 在 65 ℃和 72 ℃时的偏光照片(×200)[26]

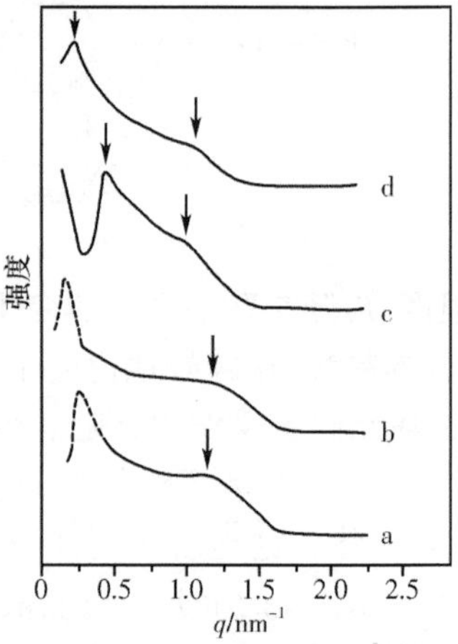

图 2-29　聚合物 P_0(a)、P_3(b)、P_5(c)和 P_6(d)的小角 X 射线散射曲线

表 2-12 为聚合物在不同 pH 的溶胀情况，溶剂为极性有机溶剂与 pH 为 3.1 的缓冲溶液（0.20 mol・L^{-1}的 HAc、0.004mol・L^{-1}的 NaAc）的混合液。从表 2-12 结果可见，离子网络液晶在相对较低浓度的交联剂时却有较高的溶胀度。

图 2-30a 为未加离子交联剂时液晶聚合物的结构示意图，图 2-30b 为液晶聚合物在离子交联剂存在时的交联状态示意图，由此可见图 2-30b 已经形成了网络，成为液晶弹性体。P_0～P_5 均为近晶相织构，当交联剂浓度足够大时液晶减少，再加上离子的干扰作用，液晶相消失。

表 2-12　聚合物在不同 pH 的溶胀情况

样品	密度 /(g・cm^{-3})	体积参数 /(cm^3・g^{-1})	V_{2r}	V_{2S} pH1.9	pH2.4	pH3.5	pH4.5	χ	M_c/(g・mol^{-1})
P_0	1.63	0.94	—	—	—	—	—	—	—
P_1	1.69	0.94	0.99	0.30	0.30	0.29	0.20	0.614	4800
P_2	1.078	0.93	0.99	0.33	0.33	0.32	0.22	0.624	4000
P_3	1.083	0.92	0.98	0.33	0.33	0.32	0.23	0.630	3500
P_4	1.101	0.91	0.97	0.34	0.34	0.33	0.24	0.636	3000
P_5	1.117	0.90	0.95	0.40	0.40	0.39	0.30	0.656	2500
P_6	1.129	0.89	0.94	0.50	0.51	0.50	0.40	0.739	1200
P_7	1.150	0.87	0.92	—	—	—	—	—	—

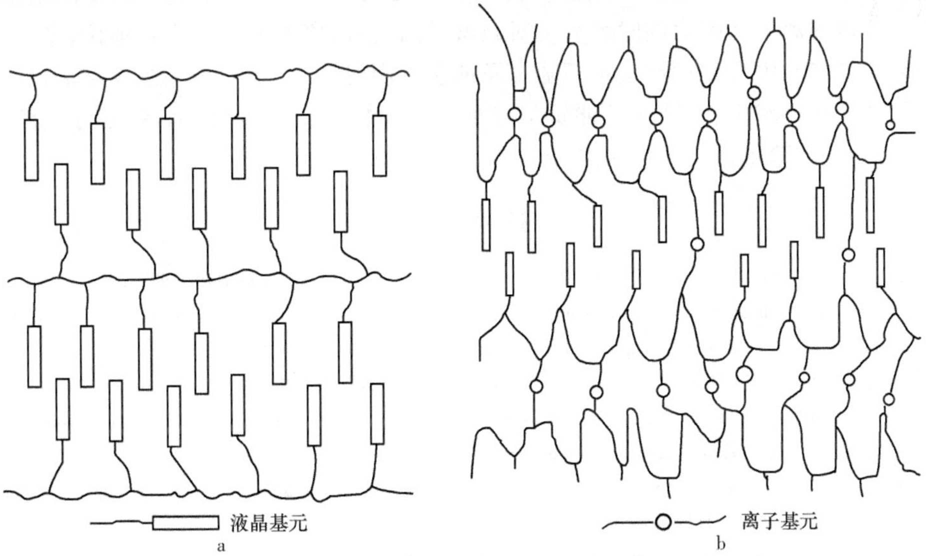

图 2-30　聚合物结构示意图

a. 液晶聚合物 P_0；b. 离子弹性体

主链结构和离子交联剂相同，如果把上面的长柔性链的液晶基元换成柔性链较短的液晶基元—$(CH_2)_3$—O—C_6H_5—COO—Chol*，虽然都是胆甾醇类，但是不同浓度的交联剂得到的液晶织构类型不同，磺酸基的含量小于5%（摩尔分数）时表现为近晶相，在5%～10%（摩尔分数）时表现了胆甾织构。图2-31中，P_2表现为近晶相织构，P_3表现为胆甾织构。

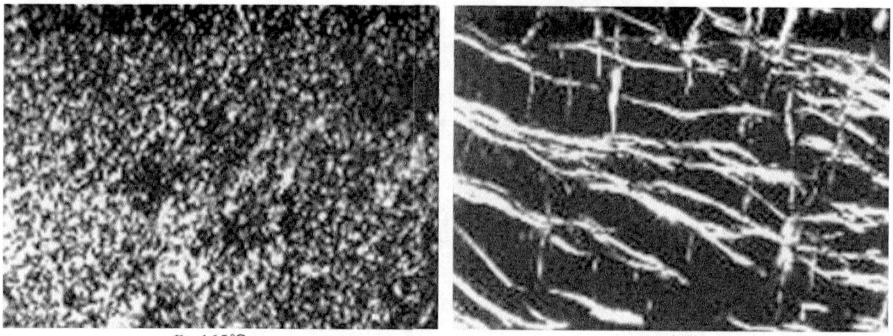

P_2 165℃　　P_3 182℃

图2-31　系列聚合物中液晶弹性体的偏光照片（×200）[27]

由以上的研究可见，相对于不含磺酸基团的侧链液晶离聚物，含磺酸基团的侧链液晶离聚物的中介区间变宽，这是由于磺酸基团表现了较强的离子特点，少量离子引入后，链间不仅存在范德华力，也存在离子间引力。轻微的交联，使中介区间相对于未引入离子的侧链液晶聚合物有明显变宽。随着磺酸基离子浓度的增加，空间位阻和离子间引力同时增大。对磺酸基团而言，离子引力占主导地位，中介区间反而变宽。中介相类型基本不随离子的引入而变化，但是磺酸基浓度增加，导致介晶基元比例减少，对液晶性能贡献减少，离子浓度大到一定比例，势必导致液晶性能消失，实验也证实了这一点。

参考文献

[1] Salamone J C, Li C K, Clough S B. A Liquid crystalline ionomer. Polymer Preprints, 1988, 29(1): 273～274

[2] Zhi J G, Zhang B Y, Wu Y Y et al. Study on a series of main-chain liquid crystalline ionomers containing sulfonate groups. Journal of Applied Polymer Science, 2001, 81(9): 2210～2218

[3] 黎前跃，钟启智，张琊等. 磺酸基遥爪液晶离聚物的合成与表征. 高分子材料科学与工程，2007，23(5)：41～44

[4] Tian M, Zhang B Y, Meng F B et al. Main-chain chiral smectic liquid-crystalline ionomers containing sulfonic acid groups. Journal of Applied Polymer Science, 2006, 99(3): 1254～1263

[5] Lin Q, Pasatta J, Long T E. Synthesis and characterization of sulfonated liquid crystalline polyesters. Polymer Preprints, 2000, 41(1): 248～249

[6] Xue Y P, Hara M. Ionic naphthalene thermotropic copolymers: Effect of ionic content. Macromolecules, 1997, 30(13): 3803～3812

[7] Lin Q, Pasatta J, Long T E. Synthesis and characterization of sulfonated liquid crystalline polyesters. Poly-

mer International,2002,51:540～546

[8] 丛越华,张宝砚,王宏光等.液晶离聚物——分子设计与热性能.高分子通报,2000,(1):61～65

[9] Meng F B,Cheng C S,Zhang B Y et al.Synthesis and characterization of a novel liquid crystal-bearing ionic mesogen.Liquid Crystals,2005,32(2):191～195

[10] Zhang B Y,Tian M,Meng F B et al.Synthesis and characterization of main chain liquid crystalline ionomers containing sulphonate groups.Liquid Crystals,2005,32(8):997～1003

[11] Fitzgerald J J,Weiss R A.Synthesis properties and structure of sulfate ionomers.JMS-REV.MACROMOL.CHEM.PHYS.,C 1988,28(1):99～185

[12] Zhang B Y,Weiss R A.Liquid crystalline ionomers.I. Main-chain liquid crystalline polymer containing pendant sulfonate groups.Journal of Polymer Science:Part A:Polymer Chemistry,1992,30(1):91～97

[13] Eisenberg A,Navratill M.Ion clustering and viscoelastic relaxation in styrene-based ionomers:Ⅳ.X-ray and dynamic mechanical studies.Macromolecules,1974,7(1):90～94

[14] 张宝砚,王宏光,丛越华等.液晶离聚物——液晶行为的研究.高分子通报,2000,(4):59～64

[15] Zhang B Y,Meng F B,Li Q Y et al.Effect of sulfonic-acid containing mesogens on liquid-crystalline behavior of polysiloxane-based Polymers.Langmuir,2007,23(11):6385～6390

[16] Meng F B,Zhang B Y,Li Q Y et al.Cholesteric liquid-crystalline elastomers prepared from ionic bis-olenic crosslinking units.Polymer Journal,2005,37(4):277～283

[17] Zhang B Y,Meng F B,Mei T et al.Side-chain liquid-crystalline polysiloxanes containing ionic mesogens and cholesterol ester groups.Reactive and Functional Polymers,2006,66(5):551～558

[18] Meng F B,Zhang B Y,Xiao W Q et al.Effect of nonmesogenic crosslinking units on the mesogenic Properties of side-chain cholesteric liquid crystalline elastomers.Journal of Applied Polymer Science,2005,96(3):625～631

[19] Zhang B Y,Guo S M,Shao B.Synthesis and characterization of liquid crystalline ionomers with polymethylhydrosiloxane main-chain- and side-chain containing sulfonic acid groups.Journal of Applied Polymer Science,1998,68(10):1555～1561

[20] Hu J S,Zhang B Y,Feng Z L et al.Synthesis and characterization of chiral smectic side-chain liquid crystalline polysiloxanes and ionomers containing sulfonic acid groups.Journal of Applied Polymer Science,2001,80(12):2335～2340

[21] Zhang B Y,Sun Q J,Tian M et al.Synthesis and mesomorphic properties of side-chain liquid crystalline ionomers containing sulfonic acid groups.Journal of Applied Polymer Science,2007,104(1):304～309

[22] 臧宝玲,刘鲁梅,张宝砚等.带有磺酸基团侧链液晶离聚物的液晶性能.东北大学学报:自然科学版,2003,24(2):194～197

[23] Zhang B Y,Sun Q J,Li Q Y et al.Thermal,morphological,and mechanical characteristics of polypropylene/polybutylene terephthalate blends with a liquid crystalline polymer or ionomer.Journal of Applied Polymer Science,2006,102(5):4712～4719

[24] 孟凡宝.含有不同类型交联剂的液晶弹性体的合成与表征.沈阳:东北大学理学院,2005

[25] Meng F B,Zhang B Y,Jia Y G et al.Effect of ionic aggregates of sulphonate groups on the liquid crystalline behaviours of liquid crystalline elastomers.Liquid Crystals,2005,32(2):183～189

[26] Zhang B Y,Meng F B,Zang B L et al.Liquid-crystalline elastomers containing sulfonic acid groups.Macromolecules,2003,36(9):3320～3326

[27] Meng F B,Zhang B Y,Liu LM et al.Liquid-crystalline elastomers produced by chemical crosslinking agents containing sulfonic acid groups.Polymer,2003,44(14):3935～3943

第 3 章　含羧基的液晶离聚物

与含磺酸基的液晶离聚物一样，含羧基的液晶离聚物也有主链和侧链之分。当主链端基含有羧基时，由于羧基的极性较弱，对液晶聚合物性能的影响很小，因此本章不予讨论，本章主要介绍主链的悬链带羧基和侧链带羧基的液晶离聚物。

3.1　含羧基的主链液晶离聚物

这里先介绍一种具有代表性的含羧基的主链液晶离聚物的合成方法。

将对苯二甲酸与对羟基苯甲酸反应生成对苯二甲酸二-(4-羧基苯)酯(1 mol)，然后再与 1,10-癸二醇(0.45 mol)、1,12-十二二醇(0.45 mol) 和 2,5-二羟基苯甲酸(0.1 mol)反应制得主链的悬链带有羧基的液晶聚合物(MLCI)，见合成路线 3-1。这种液晶聚合物的液晶类型为向列型，其织构如图 3-1 所示。该液晶聚合物 130 ℃熔融后即出现液晶相，液晶形态直到液晶聚合物炭化分解温度(400 ℃左右)才消失，液晶区间的温度范围达到 270 ℃左右[1]。

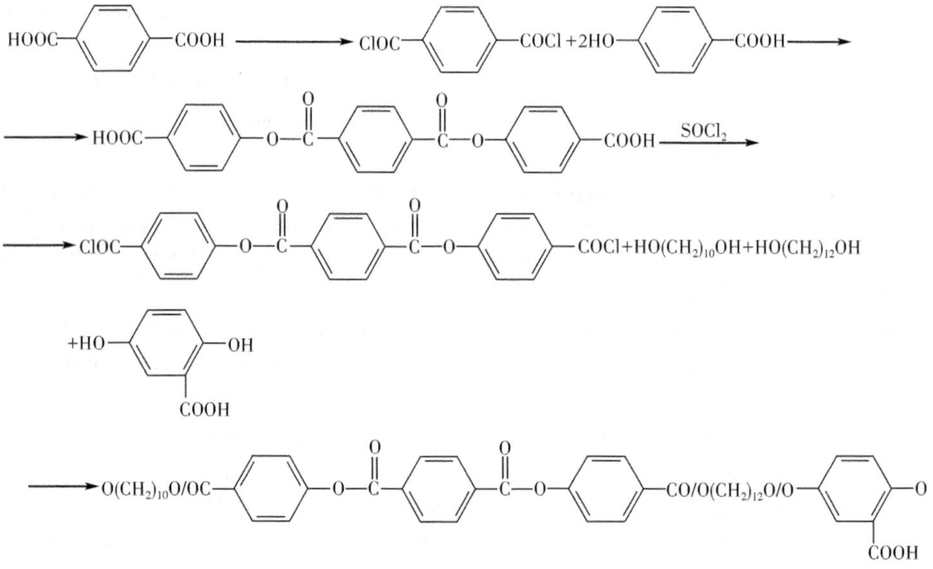

合成路线 3-1

图 3-1　MLCI 在 204 ℃的 POM 图片(×200)

以对羟基苯甲酸甲酯和 1,4-丁二醇为原料,适量的钛酸四正丁酯为催化剂,生成了双(对羟基苯甲酸) 丁二醇酯(BBHB),又将其与对苯二甲酰氯(TPC)按照不同比例生成了带有羧基的主链液晶离聚物[2]。合成路线见 3-2,聚合物的配比及热性能见表 3-1。

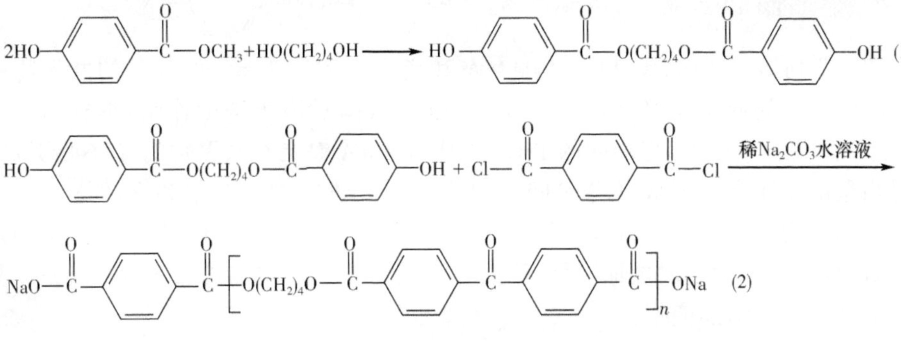

合成路线 3-2

表 3-1　液晶离聚物的配比和热力学性质[2]

n	样品	配比 (TPC/BBHB)/mol	T_g /℃	T_m /℃	ΔH_m /(J·g^{-1})	T_c /℃	ΔH_c /(J·g^{-1})
1	P_1	1.0573	103.4	212.0	15.32	316.0	1.24
2	P_2	1.0384	105.6	216.0	13.41	319.0	1.02
3	P_3	1.0169	107.5	228.0	14.96	325.0	1.18

由表 3-1 可见,随着 TPC/BBHB 比例的增加,液晶离聚物的 T_g、T_m、T_c逐渐增加,但是增加的不是很明显。在偏光显微镜下观察液晶离聚物发现,在它的熔点以上均可以观察到纹影织构,这是向列型液晶的标志。X 射线衍射分析结果也证实

了 P_1～P_3 均为向列型液晶离聚物。

3.2 含羧基的侧链液晶离聚物

含羧基的侧链液晶离聚物的主链可以是碳-碳链，也可以是杂链，如硅氧链等。

3.2.1 碳-碳链为主链的侧链液晶离聚物

制备这种类型的液晶离聚物可以采用共聚法和水解法等。

1. 共聚法

共聚法多采用丙烯酸类单体，具体可以根据不同的分子设计选取。例如，以液晶单体 BMA 和甲基丙烯酸单体（MMA）以 9∶1 的摩尔比在甲苯中[3～5]，60 ℃下反应 24 h，引发剂采用 0.5%（摩尔分数）的 AIBN，得到无规共聚物。用计算量的碳酸钾对含羧酸的共聚物进行中和，得到一系列不同中和度的钾盐高聚物。

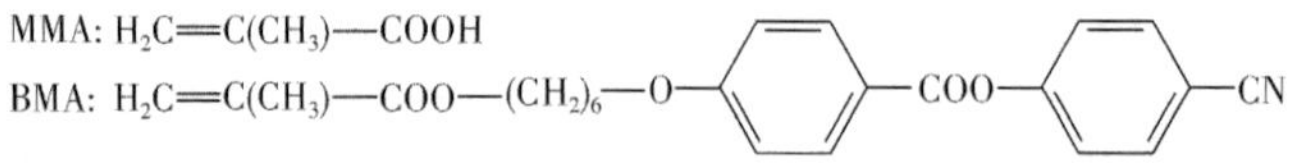

表 3-2 列出了 PBMA、PBMA-MMA 和离子中和度为 50%、70% 的共聚物的热力学性质。为便于观察，以表 3-2 的 T_g 和 T_i 数据对离子浓度作图，得到图 3-2。由表 3-2 和图 3-2 可见，与均聚的 PBM 相比，PBMA-MMA 共聚物的 T_g 有所升高，这是由羧酸基团之间形成的分子间氢键造成的。随着 MMA 中和度的增加（0～80%），离子交联作用增大，链段运动受限程度增大，T_g 升高。而液晶链受离子的影响，取向程度随中和度增加而降低，因而 T_i 下降。T_g 升高和 T_i 降低的结果，使介晶相区间随中和度增加变窄。

表 3-2　相转变温度和样品的热焓[3]

样品	离子中和度/%	T_g/℃	T_i/℃	ΔH_i/(J·g^{-1})
PBMA	—	31	113	2.9
PBMA-MAA	—	37	113	2.7
PBMA-MAA-0.3K	30	48	111	1.6
PBMA-MAA-0.5K	50	50	109	1.1
PBMA-MAA-0.7K	70	46	94	0.9
PBMA-MAA-0.8K	80	53	80	0.3

热焓 ΔH_i 表示了熔融体积变化和分子链可能存在的构象数目变化。中和度增加，离子交联也增加。在液晶基元的浓度一定的情况下，离子干扰液晶基元的取向作用，使液晶的取向性降低，ΔH_i 呈现相同的变化趋势（图 3-3）。

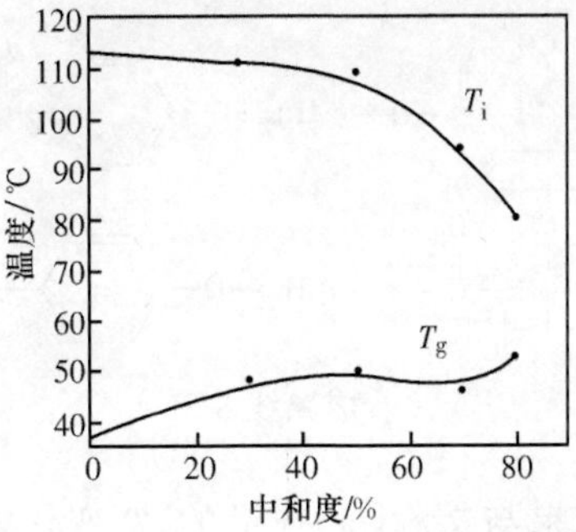

图 3-2　T_g和 T_i随中和度的变化曲线

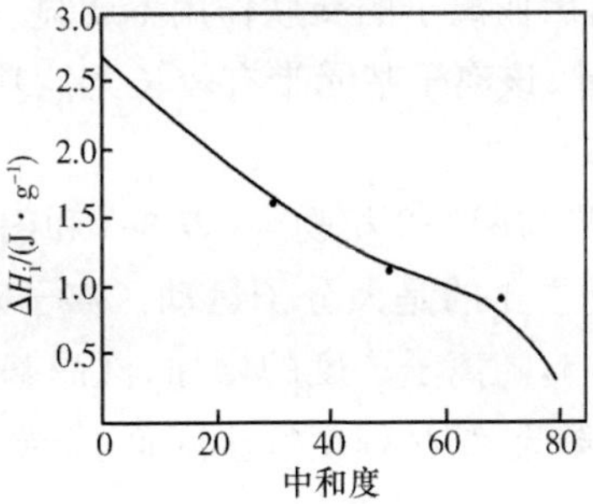

图 3-3　焓变 ΔH_i随中和度的变化曲线

2. 水解法

通过部分水解 PBA 和 BiPBA[4]制备了含羧基的侧链液晶离聚物 SLCI,见合成路线 3-3。5%(质量分数)的 PBA 溶于 N,N-二甲基甲酰胺(DMF)/甲醇(95/5,体积比)的混合溶剂中,5%(质量分数)的 BiPBA 溶于纯净的 DMF 中,搅拌 24 h 使之充分溶解,用氮气吹扫 1 h 后加入氢氧化钠水溶液(浓度为 0.05 mol·L^{-1})。将计算量的新配氢氧化钠溶液加到反应体系中,得到不同水解度的离聚物。水解反应持续 24 h,然后倒入冷的乙醚(−25 ℃)中,使产物沉淀。产物在 90 ℃下真空中干燥 3 d。下面以 PBA 的水解生成的羧酸钠为例,讨论其性能与离子含量的关系。

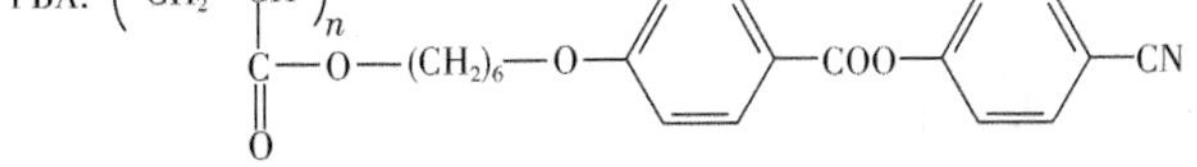

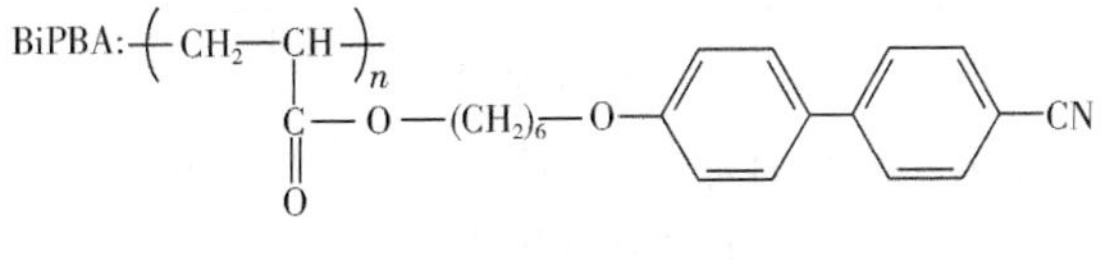

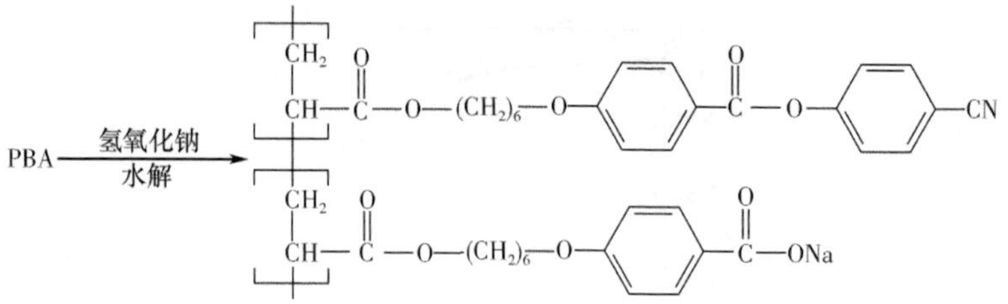

合成路线 3-3

从表 3-3 中可见，其结果与文献[3]报道的 T_g 变化规律不一致。T_g 没有随离子含量的增加而增加，反而呈现下降趋势。比较两个系列的中和度可以发现，PBA 系列 SLCP 的中和度不高，因而离子的交联作用不明显，只是体现了刚性液晶基元的减少，导致 T_g 下降。另外，该离子基元带有较长柔性基团，因此总体上体现 T_g 没有升高，反而略呈下降趋势。

T_i 的变化呈现下降趋势与图 3-2 相吻合（表 3-3 和图 3-4）。当温度达到 T_i 时，涉及的不仅是链段运动，更主要的是大分子运动。离子对液晶序的影响小于液晶基元的减少对液晶序的影响，随离子浓度的增加，液晶基元减少，ΔH_i 逐渐降低，说明了液晶的取向程度逐渐降低，结晶程度逐步降低，结果是 T_i 下降，但液晶相类型不变，依然是向列相。

表 3-3　PBA 及其离聚物的相转变温度和焓变

样品	T_g/℃	T_i/℃	ΔH_i/(J·g^{-1})
PBA	30	122	0.92
PBA-0.025Na	28	106	0.90
PBA-0.053Na	25	90	0.78
PBA-0.073Na	24	72	0.77
PBA-0.090Na	22	65	0.75

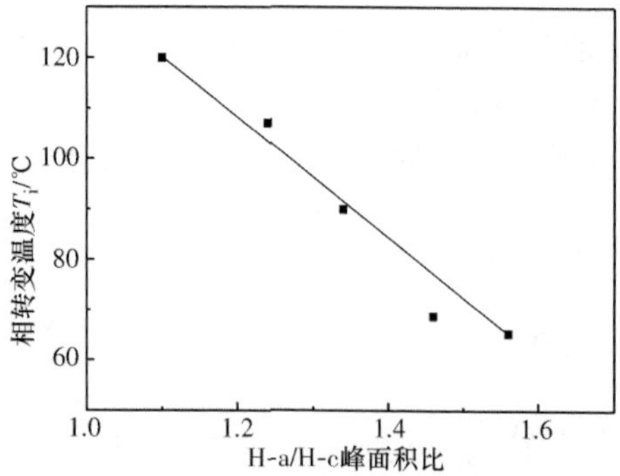

图 3-4　向列相到各向同性相的转变温度变化与 PBA 及其离聚物 H-a/H-c 峰面积的比值的关系[4]

通过以上的分析，可将离子对液晶聚合物性质的影响总结如下：

离子对 T_g 的影响不仅取决于离子的浓度，还取决于柔性基和液晶基元的性质，随离子浓度增加而呈现的变化规律也不一样；

离子对 T_i 的影响较大，总的规律是随离子浓度增加，T_i 呈下降趋势；少量羧基的引入对原聚合物液晶相的类型不会产生大的影响，当离子浓度达到一定浓度，液晶相消失；随离子浓度增加，ΔH_i 减小，表明离子的引入干扰了液晶规整度，影响了液晶的取向能力。

3.2.2　以硅氧烷链为主链的侧链液晶离聚物

下面讨论主链为硅氧烷，侧链接枝液晶单体和带羧酸单体的液晶离聚物[6,7]。以 4-烯丙氧基-4′-硝基偶氮苯（M_1）和 4-烯丙氧基苯甲酸（M_2）为单体，见合成路线 3-4，按表 3-4 的配比，以氯铂酸为催化剂[8]，把两种单体与聚甲基硅氧烷溶于甲苯中，在 60～70 ℃下反应，用红外光谱监测反应进程，Si—H 键在 2160 cm^{-1} 的吸收峰消失时结束反应。

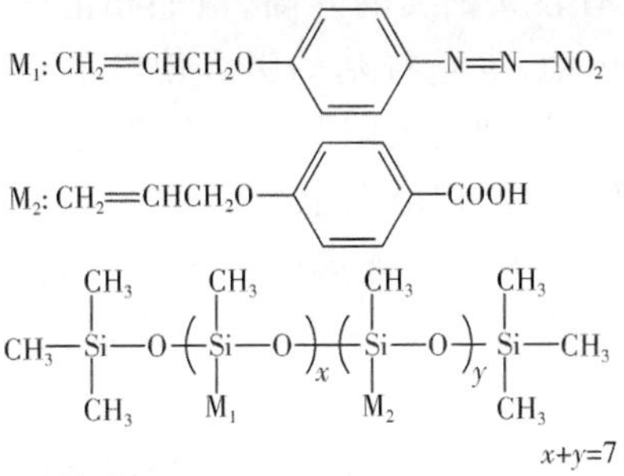

合成路线 3-4

表 3-4　DSC 分析结果[6]

样品	投料比			DSC		
	PMHS/mol	M_1/mol	M_2/mol	T_g/℃	T_i/℃	ΔT/℃
P_1	1	7.0	0	61.9	104.4	42.5
P_2	1	6.3	0.7	50.2	166.2	116.0
P_3	1	5.6	1.4	63.7	145.8	82.1
P_4	1	4.9	2.1	72.3	134.5	62.2
P_5	1	4.2	2.8	77.7	—	—

从图 3-5 和表 3-4 可见，相对于不含羧基的 P_1，尽管 P_2 中羧基的含量较小，M_2 的体积效应仍占主导地位，链段运动相对更自由，聚合物 P_2 的 T_g 降低，液晶离聚物 P_2～P_5 的 T_g 随着离子基元含量的增加而升高。这时羧酸的浓度已经较大，氢键的

作用占主导地位,发生的交联足以影响链段的运动。随离子基元含量增加,链段运动能力降低,液晶离聚物的玻璃化转变温度升高。

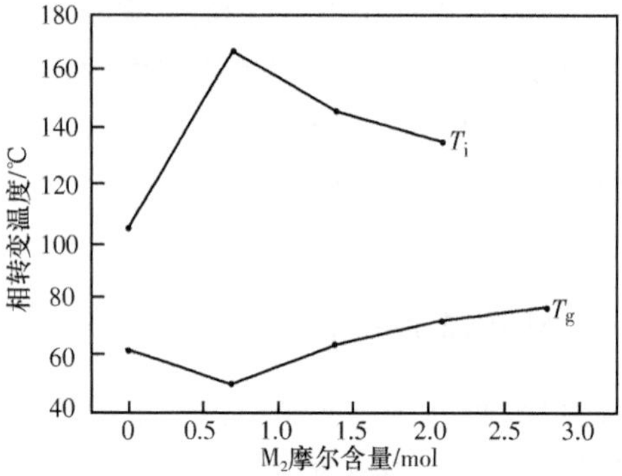

图 3-5 T_g、T_i与 M_2摩尔含量的关系曲线

液晶离聚物 P_2～P_5的液晶相向各向同性转变温度(或清亮点温度,T_i),较不含离子的液晶聚合物 P_1有较大幅度的升高,液晶相范围也相应拓宽。由于 T_i涉及链段及整个大分子的运动,少量羧基的引入使液晶聚合物分子间的作用力有较大的增加,因而大分子的运动受到限制。但随着离子含量的增加,液晶离聚物 P_2～P_5的清亮点反而下降,液晶相范围也相应变窄,这与丙烯酸类侧链含羧基的液晶离聚物中离子的引入对液晶性能影响的报道一致[3,4]。当液晶离聚物中羧基含量达到 40%(质量分数)时,液晶相消失,从液晶离聚物转变成非液晶离聚物。

少量离子的引入不改变液晶相类型,却可以使液晶相变宽,在理论和实际应用中都有较大的意义。

下面讨论另一种含羧基的液晶聚合物[9],该聚合物含有与第一种液晶聚合物相同的羧基单体 4-烯丙氧基苯甲酸(M_1),但液晶单体不同,其中液晶单体与离子单体的摩尔比为 9∶1。反应式见合成路线 3-5。

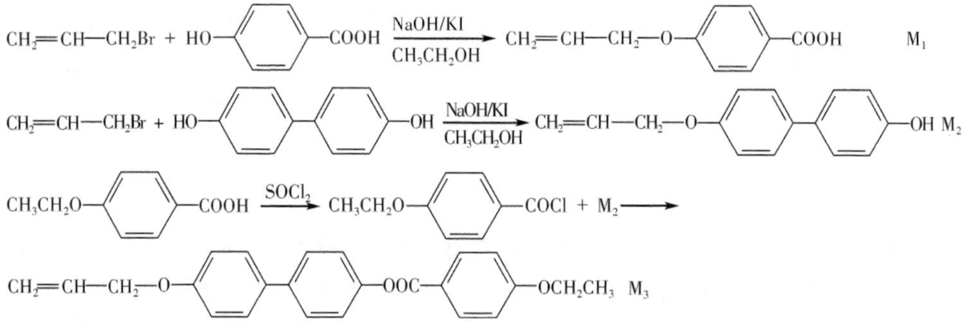

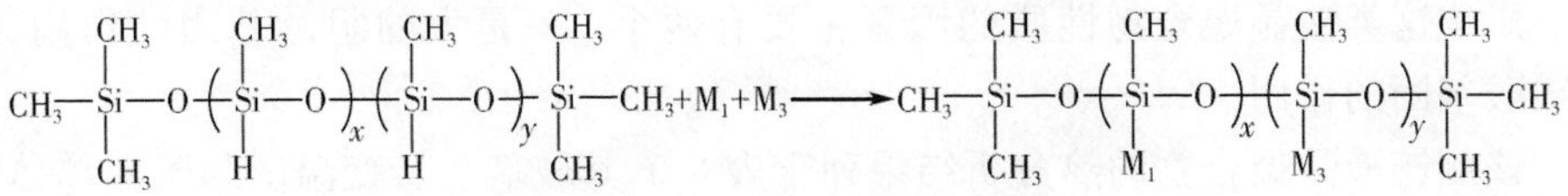

合成路线 3-5

这种侧链液晶聚合物为向列型液晶(图 3-6)。液晶聚合物从 90 ℃熔融后出现液晶相,到 230 ℃液晶相消失,液晶区间的温度范围达 140 ℃左右。

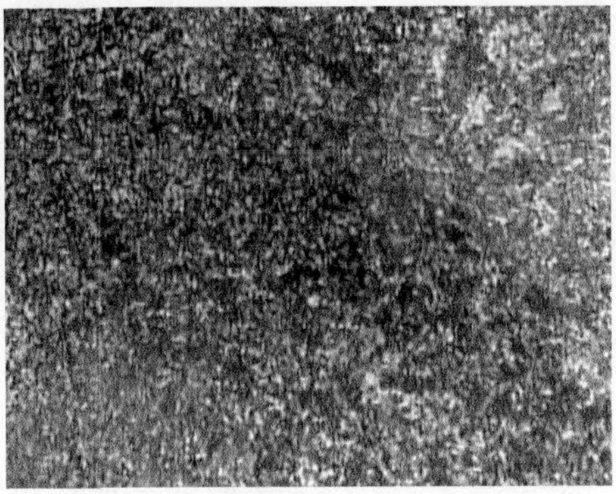

图 3-6　液晶离聚物在 192 ℃的 POM 图片(×200)[9]

以 4-烯丙氧基苯甲酸胆甾醇酯(M_{ch})和单体 4-十一烯酸苯甲酸酯(M_c)与聚甲基硅氧烷(PMHS)通过硅氢加成反应得到了系列侧链液晶聚合物 P_0～P_5[10]。见合成路线 3-6。

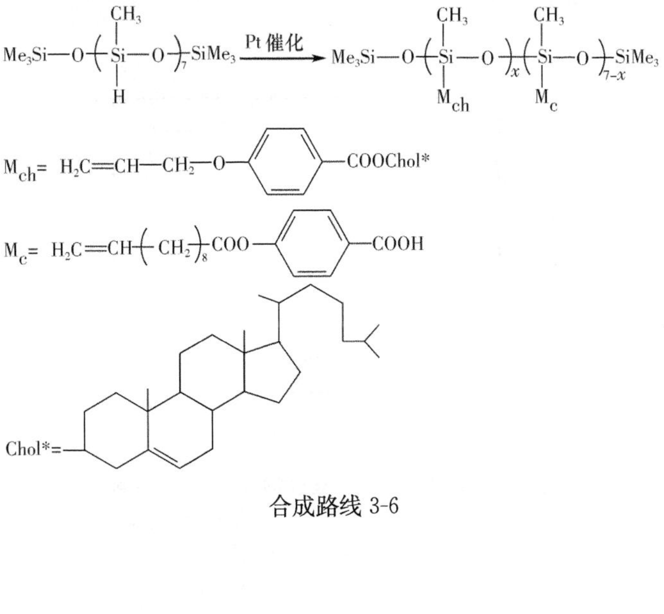

合成路线 3-6

影响这类液晶聚合物性质的因素主要有两个：一是大的胆甾基团的作用，二是羧酸基团的作用。

该侧链液晶聚合物的热分析结果列于表 3-5，其玻璃化转变温度与羧酸单体含量的关系如图 3-7 所示。由表 3-5 可知，当 P_0 不含单体 M_c 时，T_g 为 65.7 ℃，主要因为胆甾液晶基元的体积大，阻碍了链段间的运动，故其 T_g 较高；当 M_c 的含量为 5%(摩尔分数)时，起到阻碍作用，从而降低了液晶聚合物的 T_g。T_g 明显降低，为 15.7 ℃。M_c 长柔性链明显降低了分子链间转动和位移所需的能量，随着单体 M_c 含量的进一步增加(5%～40%，摩尔分数)，T_g 进一步降低，但其变化趋势趋于平缓。这是由于一方面长柔性链的引入，降低了液晶聚合物的 T_g，另一方面单体 M_c 的引入使液晶聚合物中羧基的含量增加形成了氢键，导致聚合物分子间的作用力增加，使分子链段运动受到一定限制，氢键的作用减弱了柔性链对液晶聚合物的 T_g 影响。

表 3-5 侧链聚合物 P_n 的合成配比、DSC 和旋光测试结果

样品	PMHS /mol	M_{ch}	M_c	$M_c/(M_c+M_{ch})$ (摩尔分数)/%	T_g/℃	T_i/℃	ΔT^a/℃	$T^b_{5\%}$/℃	$[\alpha]^{15}_D$
P_0[9]	1.0	7.0	0	0	65.7	251.8	186.1	289	−32.10
P_1	1.0	6.65	0.35	5	15.7	115.3	96.6	294	−19.15
P_2	1.0	6.3	0.7	10	10.6	132.6	122.0	296	−15.32
P_3	1.0	5.6	1.4	20	−12.4	156.5	168.9	301	−10.64
P_4	1.0	4.9	2.1	30	−13.9	180.7	194.6	299	−8.32
P_5	1.0	4.2	2.8	40	−17.6	—	—	294	−5.36

a. 液晶相范围($\Delta T = T_i - T_g$)；

b. 样品质量损耗 5%时的温度。

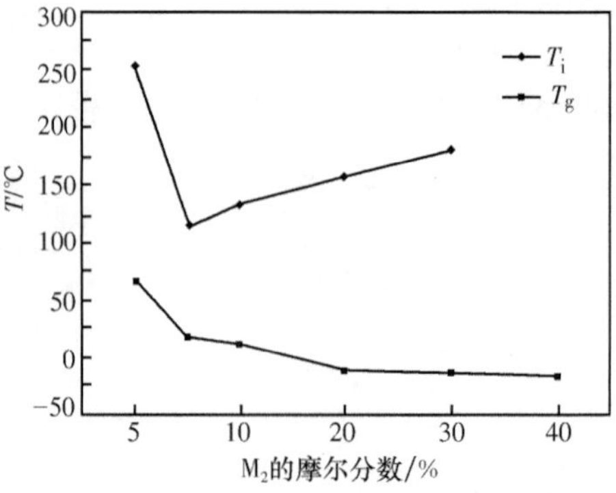

图 3-7 M_c 含量对液晶聚合物 T_g 和 T_i 的影响

由于 M_c 柔性链的加入，降低了取向排列液晶分子的运动位垒，使 P_1 的 T_i 相比于 P_0 有明显降低。在聚合物 P_1～P_5 中，T_i 随着离子基元 M_c 含量的增加而升高，见图 3-7。这是因为当 M_c 含量增加时，聚合物之间更容易形成氢键，由于氢键作用，聚合物形成交联结构，其氢键的不同形式如图 3-8 所示。随着 M_c 含量的进一步增加，氢键作用进一步增强，增加了液晶分子的取向排列运动位垒，使其在 T_i 时更难解取向而进入各向同性的液态，M_c 在链中的氢键作用大于其柔性作用对 T_i 的影响，所以 T_i 逐渐升高。随着 M_c 含量的增加，ΔT($\Delta T = T_i - T_g$，即聚合物的液晶相范围)变宽。

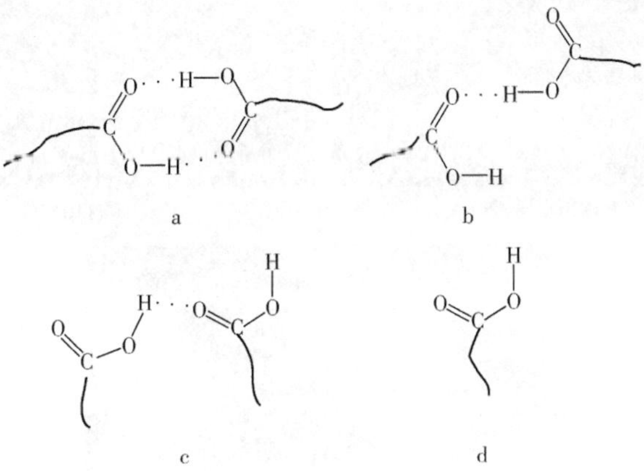

图 3-8　羧酸基团四种可能的氢键连接方式

a. 闭环二聚体；b. 开环二聚体；c. 侧面连接；d. 无作用自由体[11]

$T_{5\%}$ 为聚合物热失重 5%时对应的温度，各聚合物的 $T_{5\%}$ 均高于 280 ℃，说明这类聚合物的热稳定性较好。

液晶基元 M_{ch} 在升降温过程均出现双折射现象，呈现胆甾焦锥织构。聚合物 P_0～P_5 在升温过程中观察到彩色的 Grand-Jean 织构，图 3-9 给出了 P_0、P_1、P_5 在升温时的织构。由图可见，离子基元 M_c 的引入并没有改变原有聚合物的液晶类型，但随着离子基元含量的增加，聚合物的液晶织构将逐渐消失。

液晶聚合物的旋光度的测定均以四氢呋喃为溶剂[10]，其比旋光度值如表 3-5 所示。液晶单体 M_{ch} 和聚合物 P_0～P_5 均为左旋化合物。根据 Vant Hoff 的旋光性叠加规则和螺旋理论[12]，一种旋光性化合物的旋光度是其分子内所有手性原子旋光性的代数和。从图 3-10 可以看出，随着单体 M_c 在聚合物 P_0～P_5 中摩尔分数的增加，聚合物的比旋光度逐渐减小。原因有二：其一，在系列聚合物中可对旋光度作出贡献的手性单体 M_{ch} 按 P_0～P_5 的顺序逐渐减少，致使比旋光度减小；其二，聚合物之间的氢键作用使聚合物间形成交联结构，明显地影响了手性分子的旋转，从而使旋光度进一步降低，P_1 的 M_c 的摩尔分数仅为 5%，但比旋光度为−19.15，明显

低于 P_0 的比旋光度(－32.10),充分说明了羧酸基团的引入对旋光性的影响。P_1 ～P_5 的旋光度逐渐下降,说明单体的手性和氢键双重作用使聚合物 P_0 ～P_5 的比旋光度值逐渐减小。

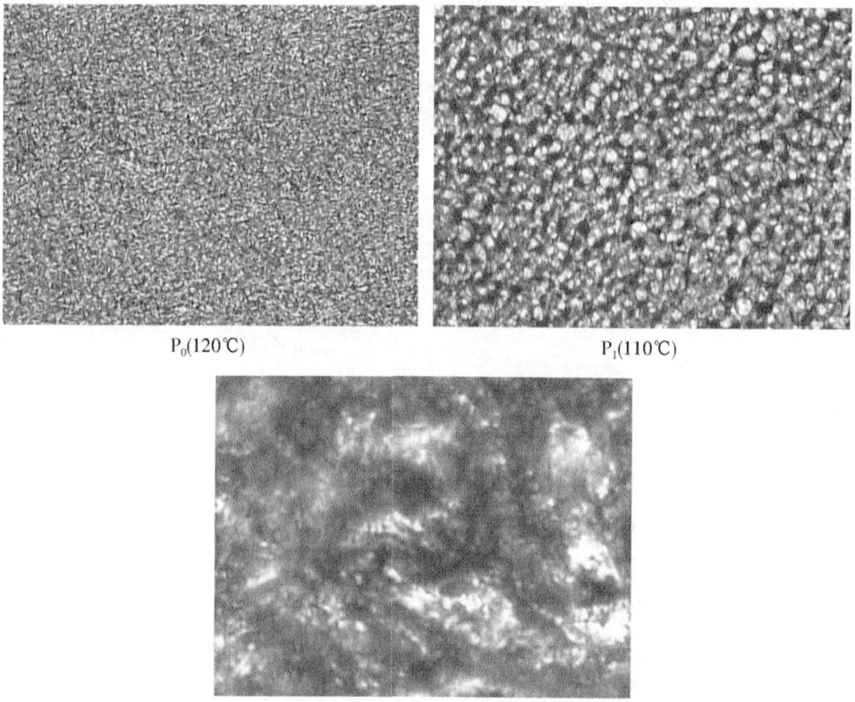

P_0(120℃) P_1(110℃)

P_5(143℃)

图 3-9 P_0 、P_1 和 P_5 的偏光照片(×200)

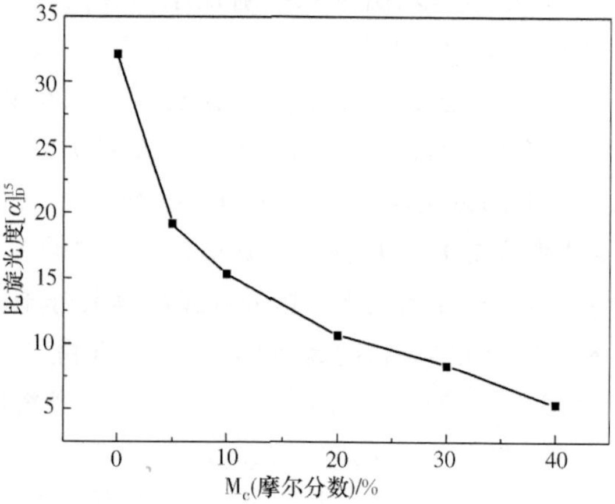

图 3-10 M_c 含量与聚合物的比旋光度的关系

羧酸基团的离子作用不强，且为非介晶基元，其浓度增加，相当于聚硅氧烷主链连接液晶基元浓度降低，对液晶性能贡献减少。随羧酸基团浓度增大，多数聚合物的液晶区间呈变窄趋势，变化的大小取决于与其共聚的液晶基元的性质。但是羧酸基团的氢键作用在超分子自组装方面做出了重要贡献，在第 5 章的叙述中可以看到许多这样的实例。

参考文献

[1] Zhang B Y, Xu X Y. Effect of main chain liquid crystalline ionomer on the thermal properties. Morphology and mechanical behavior of PBT and PP composites. Submit

[2] 黎前跃，钟启智，张羽中等. 羧基遥爪热致性主链液晶离聚物的合成与表征. 高分子材料科学与工程，2007, 23(6): 81～84

[3] Lei H L, Zhao Y. An easy way of preparing side-chain liquid crystalline ionomers. Polymer Bulletin, 1993, 31(6): 645～649

[4] Zhao Y, Lei H L. Side-chain liquid crystalline ionomers. 1. Preparation through alkaline hydrolysis and characterization. Macromolecules, 1994, 27(6): 4525～4529

[5] Roche P, Zhao Y. Side-chain liquid crystalline ionomers. 2. Orientation in a magnetic field. Macromolecules, 1995, 28 (8): 2819～2824

[6] 邵兵，张宝砚，胡建设等. 侧链含偶氮基的聚硅氧烷类液晶高分子及其离聚物的合成与表征. 高分子材料科学与工程，2002, 18(3): 70～72

[7] Xu H, Kang N, Xie P et al. Synthesis and characterization of a hydrogen-bonded nematic network based on 4-propoxybenzoic acid side groups grafted onto a polysiloxane. Liquid crystals, 2000, 27(2): 169～176

[8] Zhang B Y, Guo S M, Shao B. Synthesis and characterization of liquid crystalline ionomers with polymethylhydrosiloxane main-chain-and side-chain-containing sulfonic acid groups. Journal of Applied polymer Science, 1998, 68 (10): 1555～1561

[9] Xu X Y, Zhang B Y. Thermal, morphology and mechanical characteristics of the in situ composites based on PBT/PP/Liquid Crystalline Ionomer. Submit.

[10] 王基伟，徐新宇，楚慧姝等. 含羧酸与胆甾基元的硅氧烷类聚合物液晶性能的研究. 高分子材料科学与工程，在投.

[11] Setoguchi Y, Monobe H, Wan W et al. Infrared studies on hydrogen bond interaction in a homologues series of triphenylene discotic liquid crystals having carboxylic acids at the peripheral chains. Thin Solid Films, 2003, 438～439: 407～413

[12] 尹玉英，刘春蕴. 有机化合物分子旋光性螺旋理论. 北京：化学工业出版社，2000: 193

第 4 章　含铵基的液晶离聚物

含铵基的液晶离聚物是液晶离聚物的重要一族，与含磺酸基团的液晶离聚物相比，含有铵基结构的液晶离聚物报道较多，研究也较为深入。含铵基液晶离聚物可分为两类：一类是主链既含有铵基，又含有液晶基元，我们把这类液晶归为含铵基的主链液晶离聚物；另一类是主链含铵基，但不含液晶基元，靠侧链带有阴离子的液晶基元与铵基组装成液晶离聚物。尽管这类液晶离聚物的铵基在主链，但根据本书的定义，我们将其归为含铵基的侧链液晶离聚物。

4.1　含铵基的主链液晶离聚物

4.1.1　制备

在含铵基的主链液晶离聚物的合成中，常用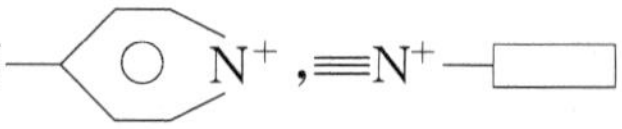等结构与抗衡阴离子 X^-（卤素）、—COO^-、—SO_3^- 等组成离子对的方法。下面是一个合成抗衡阴离子为—SO_3^- 的主链带铵基液晶离聚物[1]的例子。具体合成步骤如合成路线 4-1：

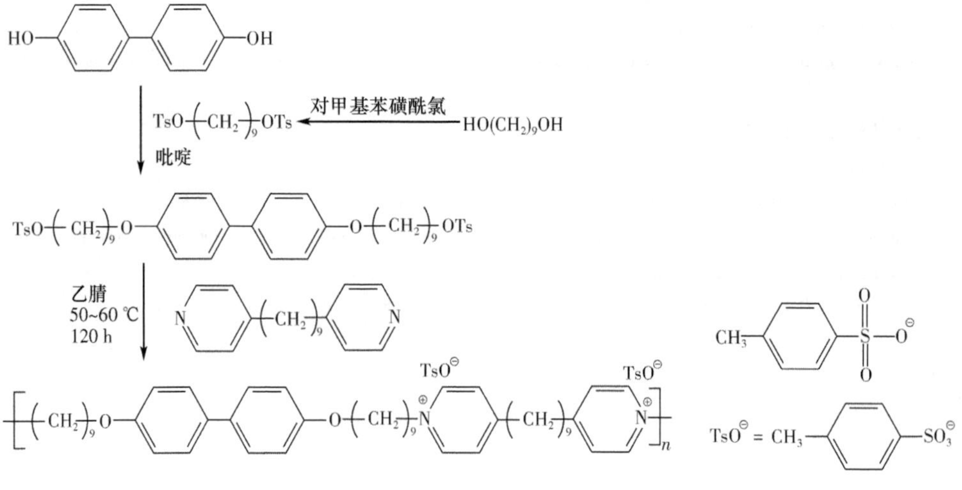

合成路线 4-1

季铵化反应是在干燥的乙腈中(搅拌下)进行的,反应温度为 50～60 ℃,反应时间为 120 h。聚合产物为白色粉末,能较快溶解在无水乙醇和其他的极性溶剂中,T_m 为 166.2 ℃,液晶区间 ΔT 为 166.2～225.0 ℃,液晶类型是 S_A 或 S_C 相。当该聚合物在乙醇溶液中的浓度大于 70%(质量分数)时,在室温下呈现双折射现象,并且能流动。乙醇蒸发后,双折射现象消失,并失去流动性。

类似的聚合物有紫罗碱液晶离聚物[2](通常称 1,1′-二羟基-4,4′-二吡啶盐为紫罗碱),季铵化反应也在乙腈中完成。反应温度为 82 ℃,反应时间为 120 h,反应过程中聚合物部分析出。将体系冷却至室温,加入乙酸乙酯将反应产物沉淀出来。产物在极性有机溶剂中表现出溶致液晶行为,在甲醇、乙醇、乙二醇、二甘醇、甘油和苯甲醇中呈现出溶致层状液晶相。临界浓度因所用溶剂不同而略有差异,低临界浓度为 5%(质量分数),高临界浓度为 20%～40%(质量分数)。在低至 10%～20%(质量分数)和高至 40%～50%(质量分数)浓度范围内,均可得到生长好的完整的液晶相。其溶液浓度取决于溶剂的极性、亲水性以及聚合物的微观结构。此外,在甘油和苯甲醇中形成的溶致液晶在紫外光照射下,在 390 nm 和 608 nm 波长处呈深蓝色,这种颜色来自对甲基苯磺酸抗衡离子的电子转移使双吡啶盐部分发生的光还原反应。聚合物的结构式如下:

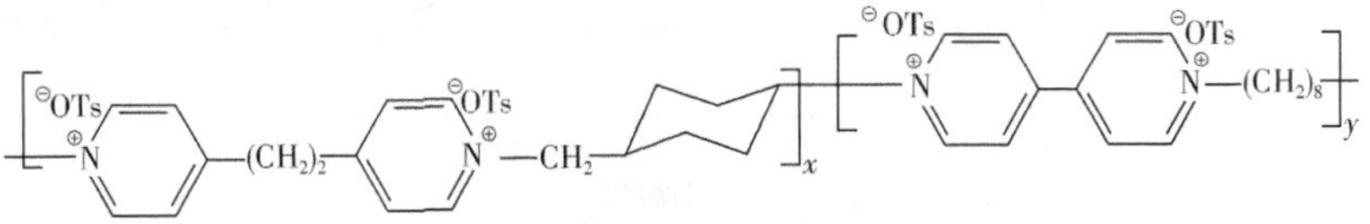

I-1(x=1.0,y=0.0);I-2(x=0.8,y=0.2);I-3(x=0.6,y=0.4);
I-4(x=0.5,y=0.5);I-5(x=0.4,y=0.6);I-6(x=0.2,y=0.8)

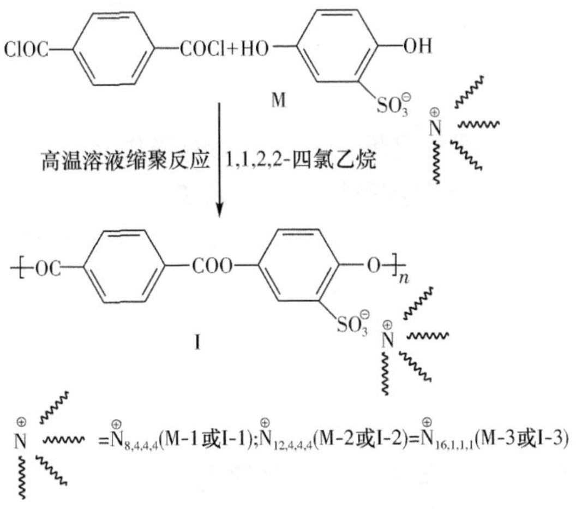

季铵盐下标的四个数字代表四种烷基

合成路线 4-2

合成路线 4-2 为对苯二甲酰氯和三种 2,5-二羟基苯磺酸季铵盐的溶液缩聚反应的合成路线[3,4]。主链为液晶基元,侧链为带有四种不同烷基的季铵盐与磺酸基自组装而成。

4.1.2 热性能

图 4-1 为聚合物 I-1 的 DSC 曲线。由图可见,聚合物 I-1 的 T_m 为 70 ℃,T_i 为 260 ℃,液晶区间为 190 ℃。聚合物 I-2 的 T_m 为 30 ℃,T_i 为 220 ℃,液晶区间为 190 ℃。聚合物 I-3 的 T_m 为 70 ℃,T_i 为 190 ℃,液晶区间为 120 ℃。三种聚合物的熔点均较低,这是由于季铵盐和磺酸离子相互作用的结果。聚合物的液晶类型为近晶相。

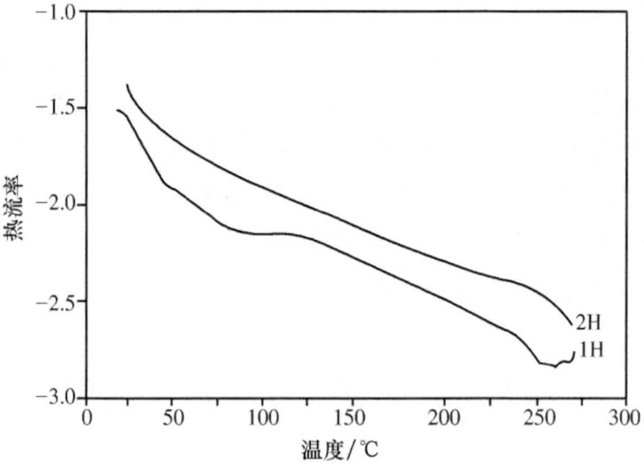

图 4-1 聚合物 I-1 的 DSC 一次升温(1H)和二次升温(2H)曲线
升温速率为 10 ℃ · min^{-1}[4]

4.1.3 聚合物的溶液行为

上述聚联吡啶紫罗碱液晶离聚物的特性黏数采用乌式黏度计在温度为 35 ℃ 的甲醇中测定,聚合物的质量分数范围为 0.02～0.200%。黏度测量结果表明,由于吡啶离子在聚合物的主链中,该液晶离聚物在甲醇溶液的黏度与浓度的关系,与磺酸基离聚物的溶液行为相似,均为聚电解质的溶液行为,即随着聚合物离子含量的增加,黏度下降,见图 4-2。

4.1.4 光谱研究

聚联吡啶的红外光谱[1],主要特征吸收峰为:R—N^+ (1210 cm^{-1}、1190 cm^{-1}、1175 cm^{-1}),S═O(1121 cm^{-1}为不对称伸缩,1034 cm^{-1}为对称伸缩)。—SO_3^- 的对称伸缩峰位置对反离子和物相(固相和液相)非常敏感,易向高频或低频移动。

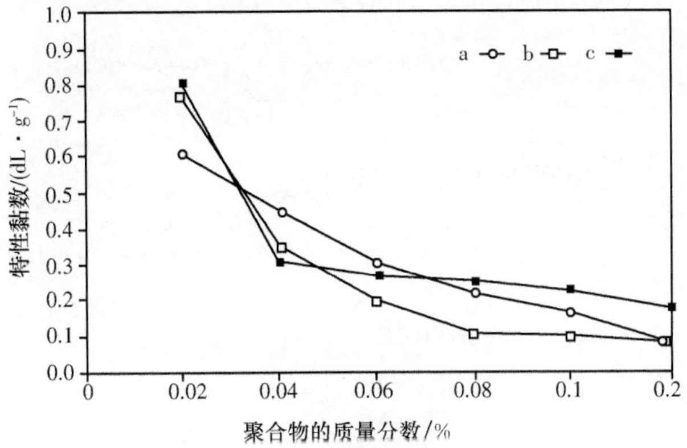

图 4-2　联吡啶聚合物的特性黏数与浓度的关系[2]

a. 1.0；b. 1.4；c. 1.8

核磁(^1H NMR)[1]：溶剂采用氘代甲醇(CD_3OD)。对甲苯磺酸盐的苯环质子(7.2～7.8 ppm)，R—N^+ (8.0～9.2 ppm)，对甲苯磺酸盐的—CH_3的两个单峰(2.4 ppm，2.5 ppm)。

4.2　含铵基的侧链液晶离聚物

关于含铵基的侧链液晶离聚物的报道远多于含铵基主链的液晶离聚物。这类液晶离聚物分两部分：一部分是铵基在主链，液晶基元在侧链；另一部分是铵基在侧链，液晶基元也在侧链。

4.2.1　铵基在主链，液晶基元在侧链的液晶离聚物

关于铵基在主链，液晶基元在侧链的液晶离聚物报道较少。下面通过两个例子对此类液晶离聚物予以介绍。

M_1为液晶单体，在未离子化之前表现为近晶相，液晶区间为 58.6 ℃，经溴化氢(HBr)和碘乙烷(C_2H_5I)离子化后，分别得离子液晶单体 A_1 和 A_2。A_1的液晶区间为 150.1 ℃；A_2的液晶区间为 129.1 ℃，与液晶单体 M_1 相比，分别提高了 91.5 ℃和 70.5 ℃[5～7]，这与含有—SO_3^- 的液晶单体相一致。A_1的液晶区间比 A_2的液晶区间高了 21 ℃，这是因为抗衡离子不同，A_2的抗衡离子(—$C_2H_5I^-$)体积大于 A_1的抗衡离子(—HBr^-)，对液晶链的规整性干扰大，从而使液晶区间变窄(表 4-1)。三种单体均为近晶相，其具体分子式如下：

M_1:
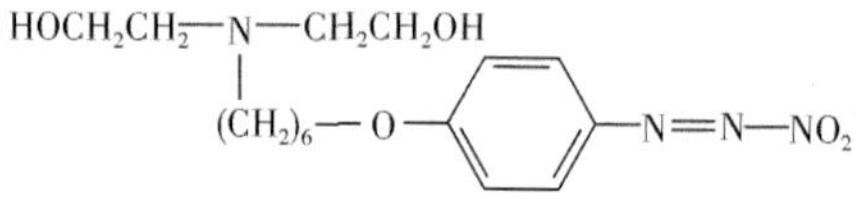

A_1:
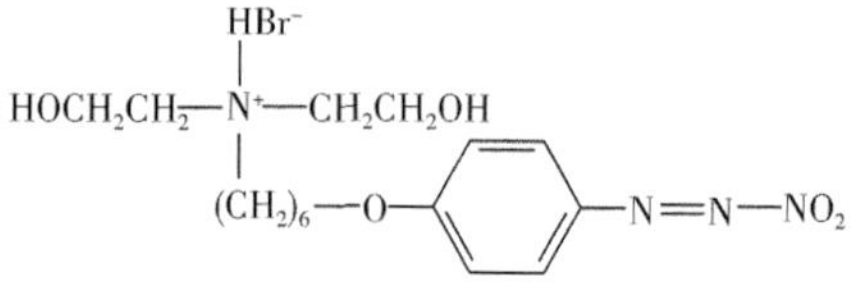

A_2:
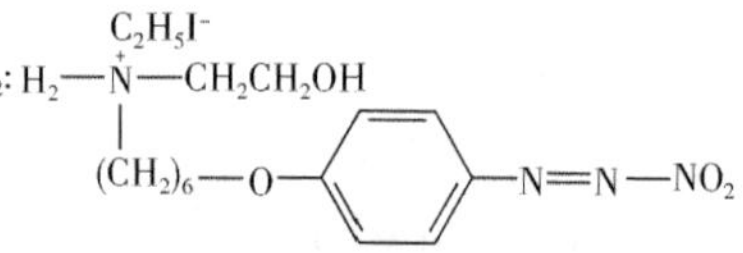

表 4-1　小分子液晶单体的相转变温度[5]

样品	相转变温度/℃	ΔT/℃
M_1	$K \xrightarrow{61.2} S \xrightarrow{119.8} I$	58.6
A_1	$K \xrightarrow{56.9} S \xrightarrow{207.0} I$	150.1
A_2	$K \xrightarrow{40.5} S \xrightarrow{170.2} I$	129.1

注：K 为晶体，S 为近晶相，I 为各向同性。

表 4-2 列出了两种不同聚合度的液晶离聚物的相转变温度。可以看出，数均聚合度(n)相差很大的两个聚合物，清亮点和聚合物类型不变，只有玻璃化转变温度随聚合度增加而升高。说明离子的相互作用在液晶中起重要作用。

表 4-2　含铵离子的液晶高分子相转变温度[6]

n^a	相转变温度^b/℃
6	$G \xrightarrow{48.0} S \xrightarrow{210.0} I$
1300	$G \xrightarrow{55.0} S \xrightarrow{210.0} I$

a. 聚合度；

b. G 为玻璃态，S 为近晶相，I 为各向同性。

NI-LCP 为向列相液晶聚合物，溴化后的液晶离聚物 LCPEI-M-Br 表现为近晶相[6,7]，相关数据见表 4-3。NI-LCP 经离子化后由向列相转变成近晶相，即分子排列趋向整齐，且液晶相区间也加宽了 30 ℃。

NI-LCP:
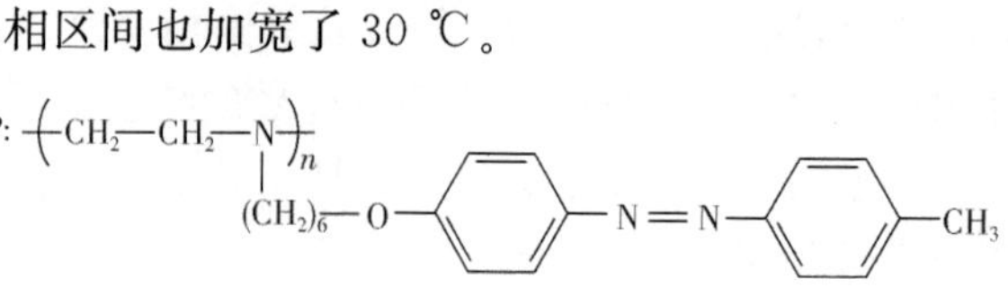

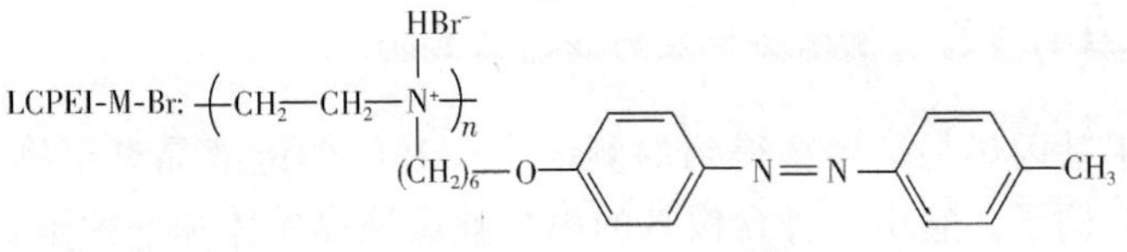

表 4-3　LCPEI-M-Br 和 NI-LCP 的相转变温度[7]

样品	相对分子质量	相转变温度ᵃ/℃	液晶区间/℃
LCPEI-M-Br	6000	G $\xrightarrow{37.1}$ SmX $\xrightarrow{80.0}$ SmA $\xrightarrow{146.0}$ I	108.9
NI-LCP	5000	G $\xrightarrow{10.0}$ N $\xrightarrow{87.2}$ I	77.2

a. G 为玻璃态；SmX 为未确定的近晶相，SmA 为近晶 A 相，N 为向列相，I 为各向同性。

图 4-3 解释了为什么具有相同液晶基元和主链结构的液晶聚合物，经离子化处理后，其织构和液晶区间会发生变化。这是由于离子化处理后，通过库仑力形成了阳离子层，反离子位于层上或层下，自发地取向形成均相热致液晶结构，以类似三明治的结构整齐排列[7]。

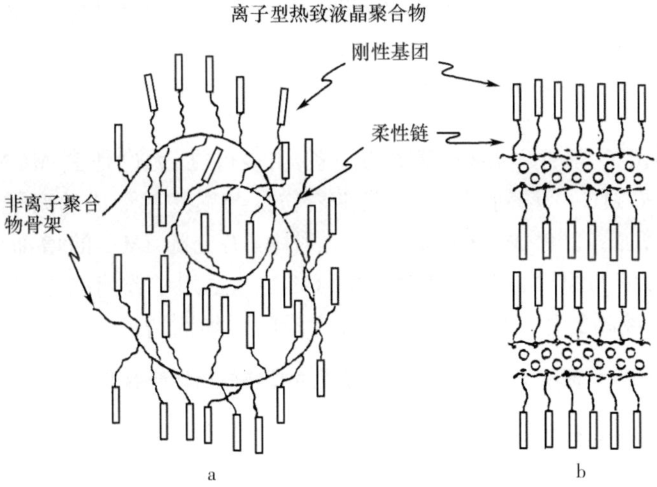

图 4-3　分子取向图[7]

a. 非离子型 NI-LCP(向列型)；b. 离子型 LCPEI-M-Br(近晶型)；

～：铵基；○：抗衡离子

4.2.2　铵基和液晶基元都在侧链的液晶离聚物

铵基和液晶基元都在侧链的液晶离聚物报道较多，可分为大两类：一类是以碳-碳链为主链，另一类是以硅-氧链为主链。

1. 碳-碳链为主链的侧链含铵基的液晶离聚物

下述由甲基丙烯酸衍生物得到的侧链含铵基的侧链液晶离聚物，是这种液晶离聚物的典型例子。它由一种含铵基的丙烯酸类液晶单体和一种不含离子基团的丙烯酸类液晶单体经共聚而得，分子式如下[8,9]：

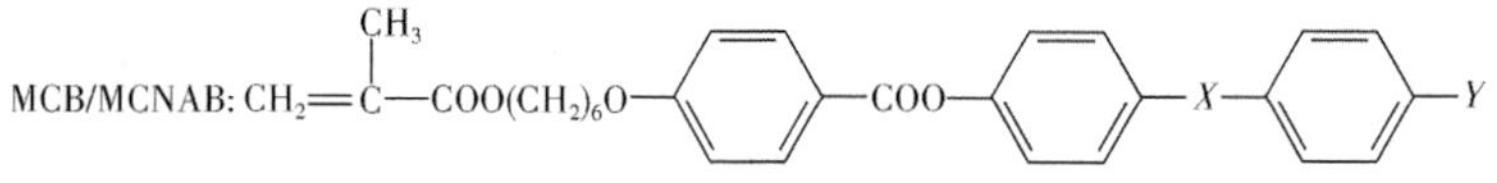

MCB: (X,Y)=(没有基团,H)　　　　MCNAB:(X,Y)=(N ═N, NO_2)

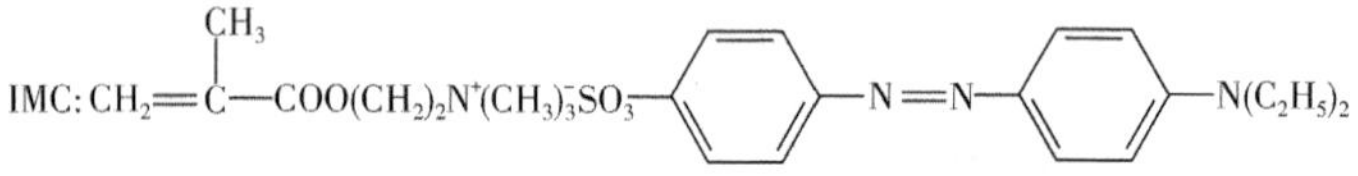

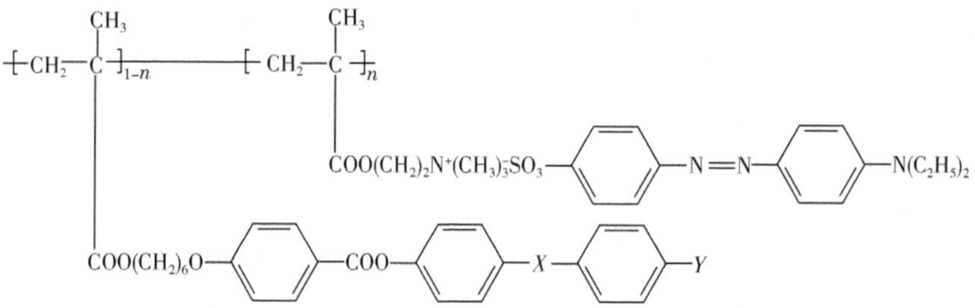

表 4-4 列出了相转变与离子基团的关系，由表可见，无论是 P[MCNAB-(IMC)$_n$]还是 P[MCB-(IMC)$_n$]系列，其 T_g 都是随着铵盐与磺酸基形成的离子对的 IMC 基元的增加而增加；在 P[MCB-(IMC)$_n$]系列中，T_i 也随 IMC 的增加而提高，见图 4-4。由于热分解的原因，在 P[MCNAB-(IMC)$_n$]系列中没有观察到明显规律，仅有的数据表明液晶的相区间也随着 IMC 含量的增加而增加。

表 4-4　含离子基团的液晶共聚物的相转变温度[8]

样品	n^a	相转变温度^b/℃	液晶区间/℃	织构
P[MCB-(IMC)$_n$]	0	G $\xrightarrow{53.7}$ S $\xrightarrow{110.2}$ N $\xrightarrow{128.2}$ I	74.5	扇形，纹影
	0.1	G $\xrightarrow{81.0}$ S $\xrightarrow{150.2}$ N $\xrightarrow{171.2}$ I	90.2	扇形，纹影
	0.3	G $\xrightarrow{89.5}$ S $\xrightarrow{178.5}$ N $\xrightarrow{212.3}$ I	122.8	— —
	0.5	G $\xrightarrow{98.9}$ M $\xrightarrow{240.0}$ D — —	—	— —
P[MCNAB-(IMC)$_n$]	0	G $\xrightarrow{45.0}$ S — — $\xrightarrow{300.0}$ I	255.0	扇形带状
	0.3	G $\xrightarrow{75.0}$ S — — —^{c} I	—	— —
	0.5	G $\xrightarrow{100.0}$ S — — —^{c} I	—	— —

a. 甲基丙烯酸离子单体在液晶共聚物中摩尔分数；

b. G 为玻璃态，S 为近晶，N 为向列，I 为各向同性，M 为未经确认的中间相，D 为热分解温度；

c. 由于在各向同性前达到热分解温度而无法确定。

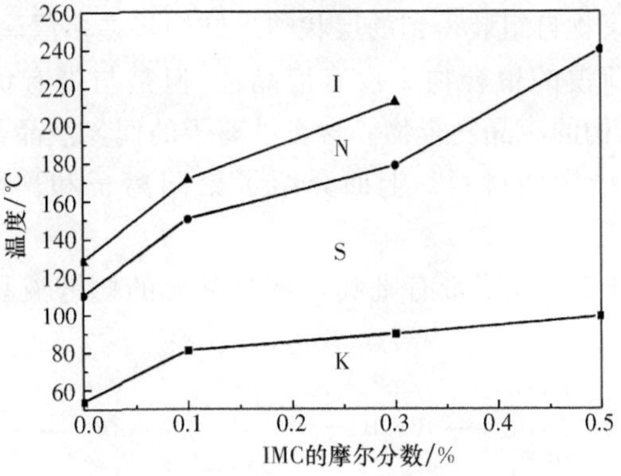

图 4-4　不同 IMC 含量的 P[MCB-(IMC)$_n$]相转变图

带铵基的聚甲基丙烯酸盐(PCM)[10]作为各向同性的聚阳离子与带负电荷的液晶聚合物(1b 或 3)复合构建多层纳米结构 1b/PCM、3/PCM，如合成路线 4-3 所

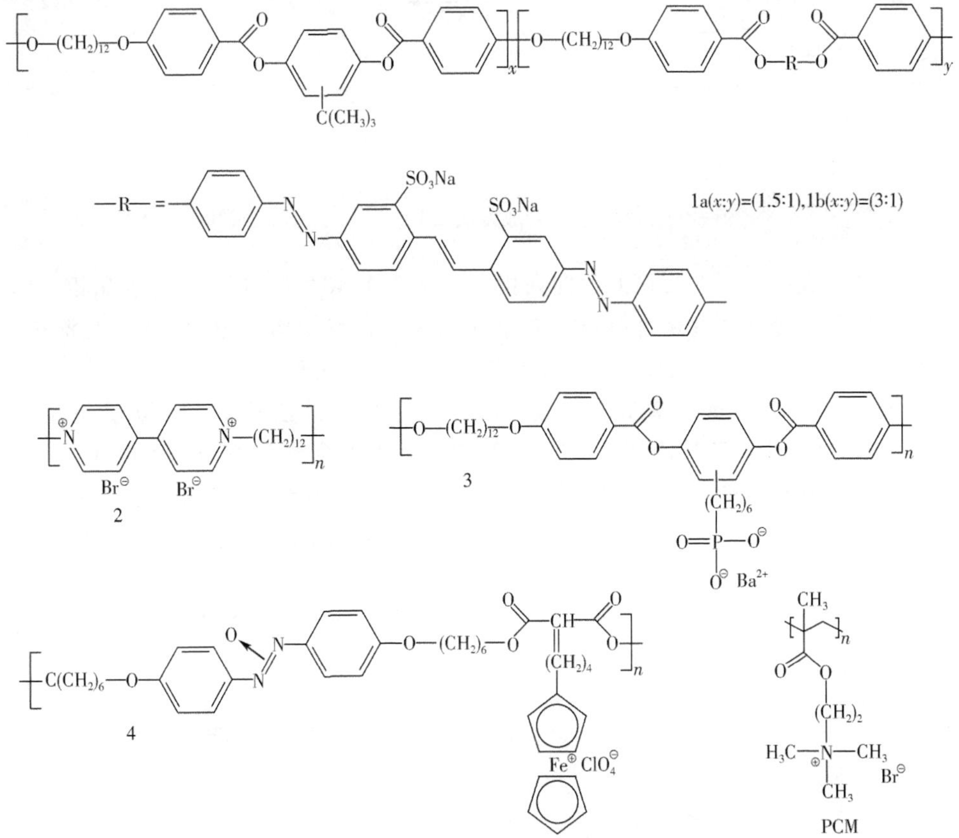

合成路线 4-3　PCM 及其形成的超分子液晶的阴离子聚合物的分子式

示。这种与液晶离聚物自组装得到的层状纳米结构将在多层聚电解质方面发挥重要作用。含有负电荷溴的聚合物 2 没有液晶性，但是与带有负电荷的 1a 自组装后，就形成了多层结构的液晶复合物。含有铁离子的偶氮液晶聚合物(4)和蒙脱土组装也形成了多层结构的材料。上面介绍了聚阳离子和聚阴离子相互复合的例子。

通过合成路线 4-4 合成了带有吡啶环液晶基元的侧链液晶聚合物[11,12]，合成路线如下：

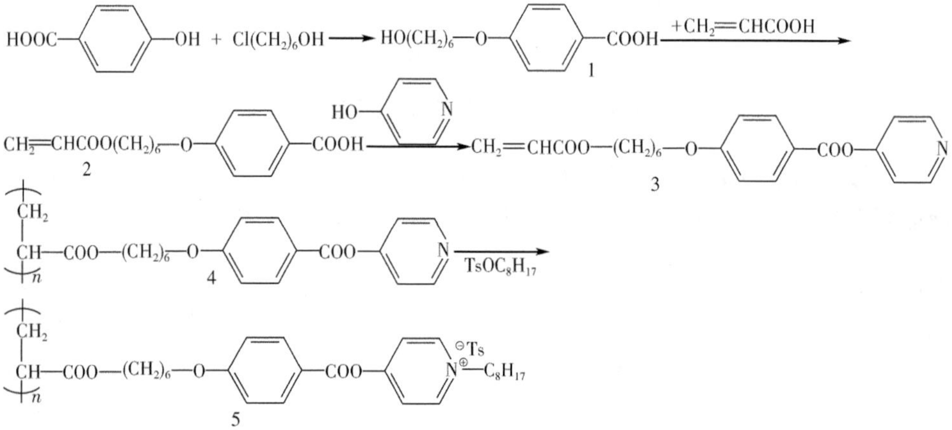

合成路线 4-4

单体 2 在 92～108 ℃区间为向列相。单体 3 在 48～61 ℃区间为近晶相。单体 3 在甲苯中经自由基聚合得到的聚合物 4，为马赛克织构(S 相)。DSC 法测得，聚合物 4 的 T_g 为 13 ℃，180 ℃进入各向同性相，同时分解。

聚合物 4 与过量辛基苯磺酸盐(或酯)在干燥过的乙腈中，于 50 ℃下反应 72 h，产物经丙酮和乙酸乙酯反复洗涤、真空干燥得聚合物 5，其 T_g 为 44 ℃，偏光显微镜观察到相转变，与 DSC 曲线观察到的相转变有偏差，这是由于液晶离聚物链段间的离子间强的相互作用所导致的液晶离聚物的高黏度，使得 DSC 曲线的转变峰很难与偏光显微镜的观察相一致。

Kijima 和 Jegal 分别将单体季铵盐化[13,14]，然后与 $TsO^{\ominus}(CH_2)_9CH_3$ 采用类似的聚合方法，得到的液晶离聚物结构如下：

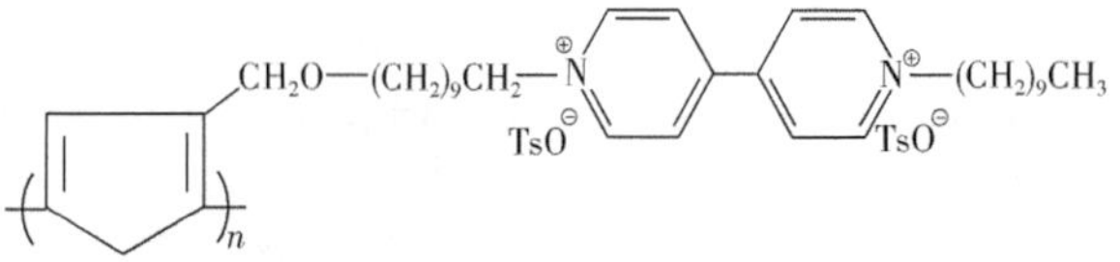

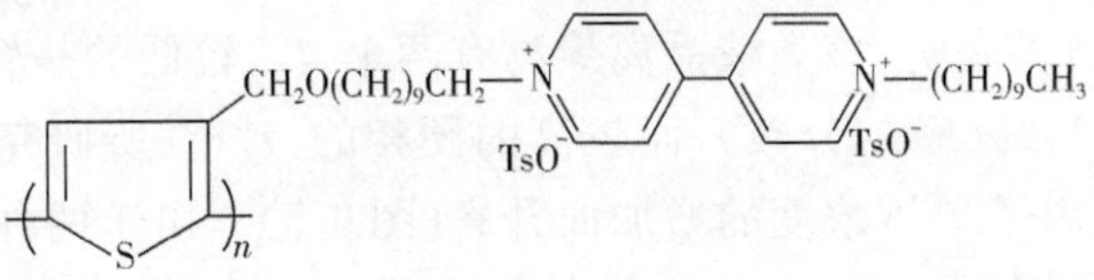

季铵盐化聚合物的分子式

下面是一类尾链含有铵离子的梳状液晶离聚物[15]，分子式如下：

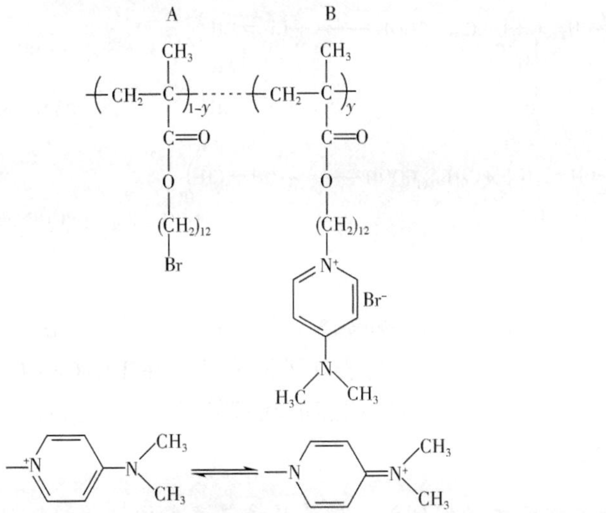

尾链含有铵离子的梳状液晶离聚物的分子式

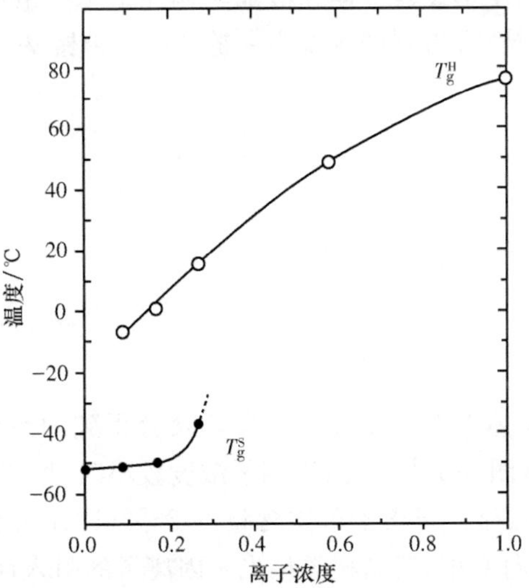

图 4-5　AB-γ 共聚物和相应均聚物软相 T_g^S 和硬相 T_g^H 与离子浓度的函数关系[13]

热力学测试结果表明：该类液晶离聚物有两个 T_g，较低的是软相的 T_g^S，保持到离子单体含量为20%（摩尔分数），而较高的硬相的 T_g^H 在所研究的摩尔比范围内则一直存在，且随离子单体浓度的增加而升高（图4-5）。由于两种单体的尾链在几何和化学结构上的不同，会发生微相分离，不同相区内链段运动所需能量不同，因此出现了两个 T_g。

用同样的方法制备了没有液晶基元的液晶离聚物[16]，分子式如下：

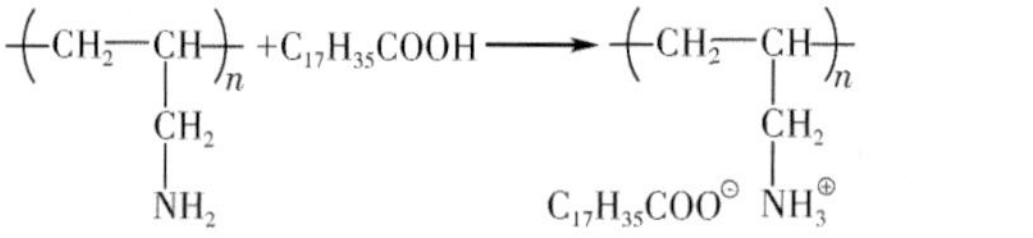

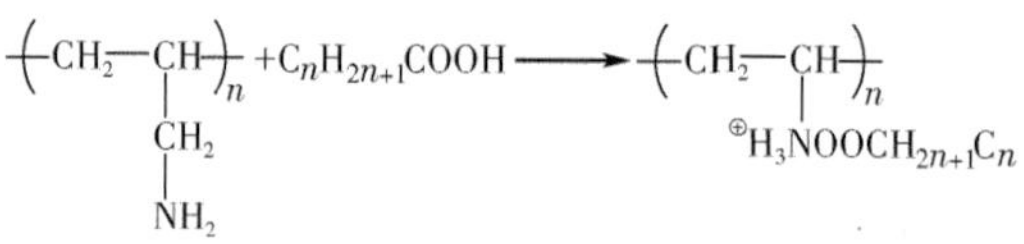

在上述两种离聚物中，季铵离子和羧基形成了弯曲的、类似香蕉的形状，尽管没有典型的液晶基元，聚合物表现了液晶性。在 PE1C_n 中，当 $n>5$ 时，才能表现液晶性能。这表明，当与羧基相连的碳链较长时，才能满足液晶形成的条件，形成香蕉状的链。

2. 硅氧烷为主链的侧链含铵基的液晶离聚物

以铂酸为催化剂，使季铵盐单体和液晶单体在甲苯溶液中[17,18]，于50～60 ℃与含氢硅氧烷进行接枝，可得到硅氧烷为主链的侧链带铵基的液晶离聚物。

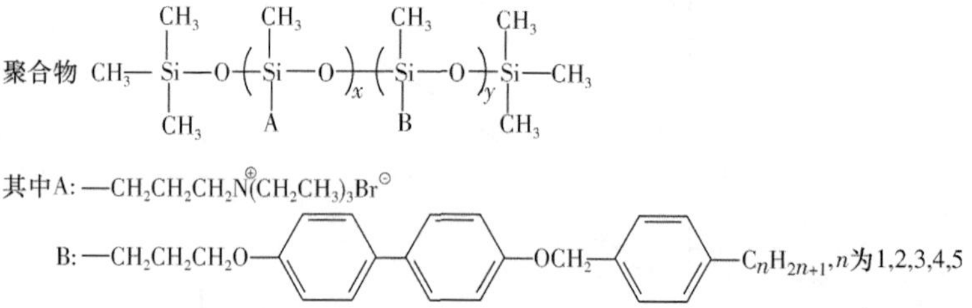

以 $n=4$ 的液晶单体B与含季铵盐的单体聚合得到的系列液晶离聚物的数据见表4-5和图4-6。从图4-6中可见，当离子浓度较小时，熔点 T_m 和清亮点 T_i 都随离子单体含量增加而升高；当离子单体含量达26%（摩尔分数）以后，中介相区间随离子浓度增加而趋向变小，液晶相类型也未因离子的引入而发生变化。但是，与 T_m 和 T_i 的变化不同，T_g 随离子单体含量增加而升高。

表 4-5　液晶离聚物热分析结果[15]

样品	投料比				温度				ΔH_m /(J·g^{-1})	ΔH_{SN} /(J·g^{-1})	ΔH_c /(J·g^{-1})
	PMHS /mmol	M_4 /mmol	A /mmol	A[a] /mol%	T_m /℃	T_{SN} /℃	T_c /℃	ΔT[b] /℃			
PAM_4-1	0.50	3.00	0.56	15.7	147	165	174	27	1.0	5.0	6.1
PAM_4-2	0.61	3.19	1.12	26.0	157	178	188	31	36.0	6.9	36.0
PAM_4-3	0.45	1.72	1.48	46.2	163	178	187	24	32.7	7.3	28.9
PAM_4-4	0.60	1.54	2.70	63.6	165	178	186	21	30.4	8.0	31.2

a. M_4及 A 的摩尔分数；

b. 介晶相区间($T_i - T_m$)。

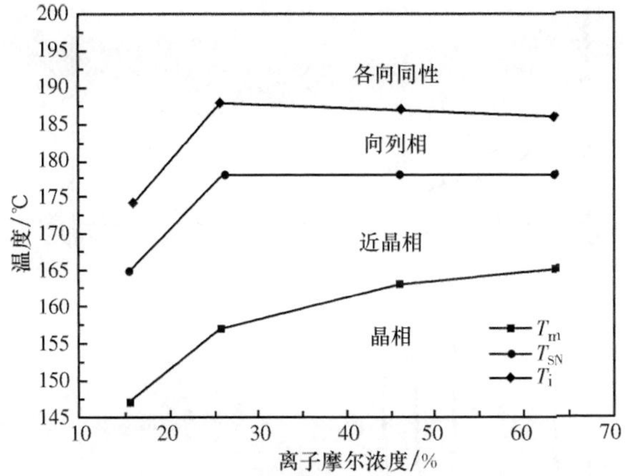

图 4-6　液晶离聚物相转变温度与离子单体含量关系图

图 4-7 给出了离子单体为 26.0%(摩尔分数)时,相转变温度与尾链碳原子数

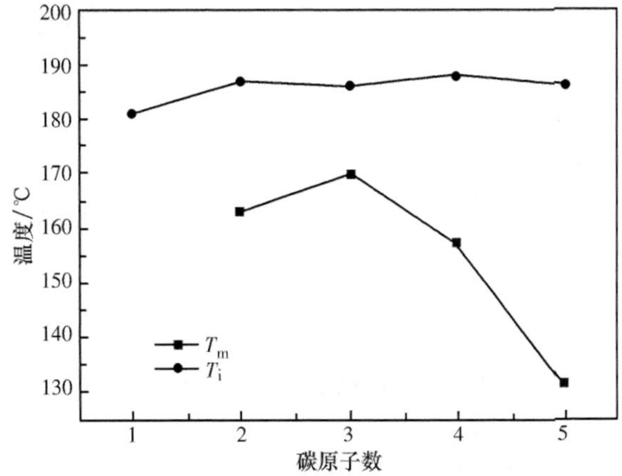

图 4-7　离聚物 PAM_1-2-PAM_5-2 与烷氧基碳的数量与相转变温度关系图

的关系。从图 4-7 可见,当尾链碳原子数为偶数时 T_i 略高于奇数时的 T_i;T_m 则先升高而后降低,这可能是链的长短对近晶相的排列整齐程度的干扰程度不同所致。

图 4-8 是液晶离聚物 PAM_4-4(表 4-5)的 X 射线衍射图。图 a 为 165 ℃和 185 ℃时的小角 X 射线的衍射图,在 165 ℃时,在 2θ=0.43°有衍射峰(曲线 1),而在 185 ℃时,样品没有衍射峰(曲线 2);165 ℃和 185 ℃的广角 X 射线的衍射曲线[图 4-8b]均有尖锐的衍射峰,其峰位分别为 20.68°和 20.52°。表明 165 ℃时离聚物存在近晶相,185 ℃时为向列相,其结果与 POM、DSC 等相吻合。

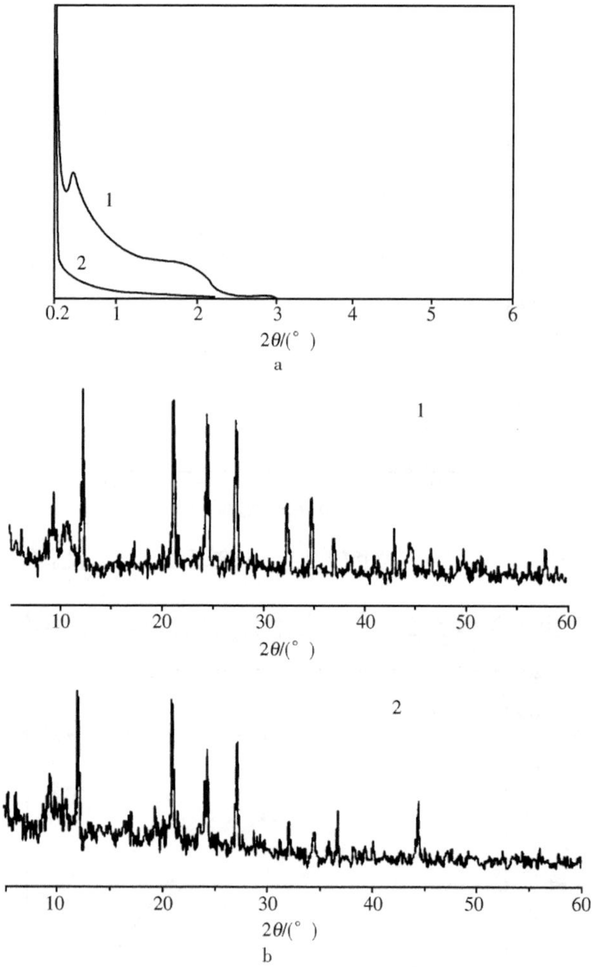

图 4-8 离聚物 PAM_4-4 的 X 射线衍射图

(1) 165 ℃;(2) 185 ℃

a. 小角 X 射线衍射;b. 广角 X 射线衍射

综上所述，由于铵离子的极性相对较弱，液晶态的形成主要是靠液晶基元，通常铵离子的引入不会改变液晶态的类型，对液晶性能的影响不大，但是铵离子的引入，使液晶相拓宽。铵离子在主链，液晶基元在侧链，部分液晶相类型有所改变。这类液晶聚合物相对来说，研究的已较为全面，它的最主要的应用是在液晶材料及其他材料，特别是带有阴离子聚合物的自组装方面，是超分子材料的重要原材料之一，作为新型高分子助剂将在高强度、高性能复合材料中具有广阔的应用前景。

参考文献

[1] Jegal J G, Blumstein A. Main chain liquid crystalline ionic polymers with thermotropic and lyotropic mesophases. Journal of Polymer Science: Part A:Polymer Chemistry, 1995, 33: 2673～2680

[2] Pradip K B, Abul H M, Haesook H et al. Lyotropic liquid crystalline main-chain viologen polymers: homopolymer of 4,4′-bipyridyl with the ditosylate of trans-1,4-cyclohexanedimethanol and its copolymers with the ditosylate of 1,8-octanediol. Macromolecules, 1998, 31: 621～630

[3] K Bhowmik P, Han H J Cebe J. Synthesis and characterization of ionic thermotropic liquid crystalline polymer. Polymer Preprints, 2002, 43(2), 1140～1141

[4] K Bhowmik P, Han H, Cebe J J. Synthesis and characterization of ionic thermotropic liquid crystalline polymer. Polymer Preprints. 2003, 44(2): 663～664

[5] Ujiie S, Iimura K. Thermal properties and orientational behavior of a liquid-crystalline ion complex polymer. Macromolecules, 1992, 25: 3174～3178

[6] Ujiie S, Iimura K. Thermal properties and ferroelectric like behavior of liquid-crystalline ionic polyethylenimine derivative. Chemistry Letters, 1991, 1969～1972

[7] Ujiie S, Iimura K. Formation of Smectic Orientational Order in an Ionic Thermotropic Liquid-Crystalline Side-chain Polymer. Polymer Journal, 1993, 25(4): 347～354

[8] Ujiie S, Tanaka Y, Iimura K. Thermotropic liquid-crystalline copolymers containing ionic group. Chemistry Letters, 1991, 1037～1040

[9] Hubbard H V ST A, Sills S A, Davies G R et al. Anisotropic ionic conduction in a magnetically aligned liquid crystalline polymer electrolyte. Electrochimica Acta, 1998, 43(10～11): 1239～1245

[10] Didier C, Matthias P, Gotz W et al. Layered nanostructures with LC-polymers, polyelectrolytes, and inorganics. Macromolecules, 1997, 30: 4775～4779

[11] Yuichiro H, Yoshiharu K et al. Liquid Crystalline, 2000, 27(10): 1393～1397

[12] Lin C, Blumstein A. Synthesis and characterization of side chain liquid crystalline ionic polymers. Polymer Preprints, 1992, 33: 118～119

[13] Kijima M, Setoh K, Shiraka WA H. Chemistry Letters, 2000: 936～937

[14] Jegal J G, Blumstein A. Synthesis and characterization of semiflexible main chain thermotropic liquid crystalline ionogenic polymers. Polymer Preprints, 1992, 33: 120～121

[15] Pascal Y V, Galin J C, Bazuin C G. Ionomer and mesomorphic behavior in a tail-end, ionic mesogen-containing, comblike copolymer series. Macromolecules, 2001, 34: 859～867

[16] Ujiie S, Shunsuke T, Moriyuki S. Lamellar mesophases formed by thermotropic liquid crystalline ionic

polymer systems without mesogenic units. High Performance Polymers, 1998, 10(1): 139～146

[17] Tong B, Yu Y, Dai R J et al. Synthesis and properties of side chain liquid crystalline ionomers containing quaternary ammonium salt groups. Liquid Crystals. 2004, 31(4): 509～518

[18] Tong B, Zhang BY, Hu J S et al. Synthesis and characterization of side-chain liquid-crystalline ionomers containing quaternary ammonium salt groups. Journal of Applied Polymer Science, 2003, 90: 2879～2886

第 5 章　非共价键配合物

非共价键配合物是由两种或两种以上的化合物或聚合物通过主客体(或主宾体)之间的非共价键作用缔结而成的具有特定结构和功能的体系,包括小分子配合物和高分子配合物两大部分,其中由非共价键形成的高分子配合物也称为超分子。非共价键的分子间力主要包括静电作用(库仑力)、氢键、范德华力、短程排斥力等弱相互作用。超分子化学在有机化学、无机化学、生物化学和材料学之间架起了桥梁,淡化了各学科之间的界限。

超分子化学是一个年轻的领域,目前尚未形成一个完整的框架,严格地讲,分子间相互作用是指两种或两种以上分子之间的相互作用。由于氢键的稳定性、方向性和饱和性,这种分子间相互作用在材料科学里备受关注。氢键是一种特殊的分子间相互作用,键能为 30～200 $kJ \cdot mol^{-1}$,键长介于范德华半径与共价键键长之间。超分子材料的获得可通过氢键自组装,给受体自组装及络合自组装等形式,在溶液中、固体状态,甚至在液晶态生成。与生物无机化学,如天然大环配体(如环糊精、冠醚、穴醚等);生物有机化学,如核酸、蛋白质、糖和酶类及一些两亲化合物等,甚至与聚合物化学紧密相关。

进入 20 世纪 90 年代以后,超分子化学的研究成果明显增加,国际上一些杰出的超分子化学专家[1],如德国的 Vögtle 教授[2]、法国的 Lehn 教授、英国的 Stoddart 教授和美国的 Gokel 教授等相继出版了相应的丛书或专著。但真正有意义地利用分子间氢键,通过分子识别和自组装过程形成具有液晶性的超分子始于 Frechet[3] 等的工作。目前超分子化学已成为当前国际前沿的课题,对分子器件、材料科学和生命科学等的发展起到催化剂的作用。

液晶离聚物很容易通过分子间氢键、离子作用、电荷转移或其他的给体和受体相互作用形成非共价键液晶(图 5-1)。形成非共价键通常需要互补官能团。通常氢键通过羧酸和吡啶等基团获得;离子键由磺酸的质子转移到碱性铵基部分或通过离子交换获得。非共价键液晶分为主链非共价键液晶和侧链非共价键液晶。主链非共价键液晶通常由双官能团小分子作用形成;梳状侧链非共价键液晶,由单官能团的小分子与聚合物的互补官能团作用形成,由此形成了超分子液晶,也称分子自组装液晶。

本章主要涉及超分子液晶化学,即以氢键自组装、静电自组装、络合自组装形成的超分子体系。

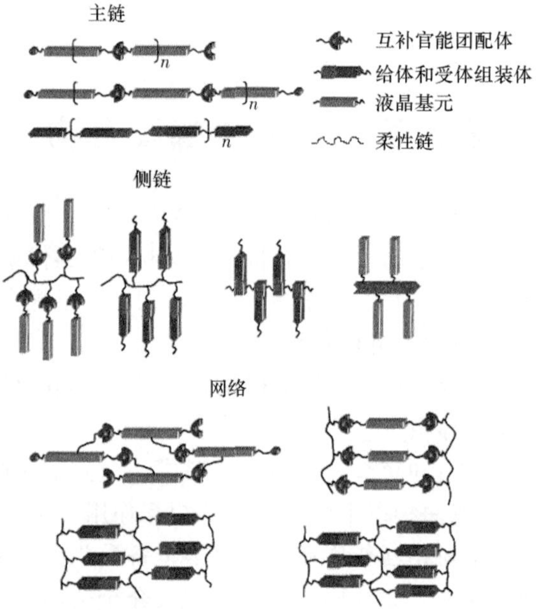

图 5-1　主链、侧链和网络形成的非共价键示意图(彩图 1)[4]

5.1　氢键自组装的超分子液晶聚合物

液晶的结构可以通过吡啶等和羧酸之间形成的氢键自组装获得[3,5,6]。目前通过氢键的给予体和受体之间的相互作用形成的液晶已成为高分子液晶家族的新分支[7,8],另外通过氢键的作用还可以形成液晶超分子网络[9~11]。通常氢键的给予体为羧基或磺酸基,氢键的受体是铵离子。氢键组装成超分子有几种形式:一是带有阴离子的大分子与含铵离子的单体作用,含铵离子的单体可以是液晶也可以不是液晶;另一种是带有铵离子的大分子与带有阴离子的小分子作用,这种形式的分子通常是线形或者是梳形;还有第三种形式是带有阴、阳离子的大分子液晶之间相互作用形成的超分子液晶,其相对分子质量较大。

5.1.1　小分子氢键自组装制备主链液晶超分子

下面举例说明带有双官能团的小分子可以通过氢键自组装形成主链超分子[12~17]。

(1) 通过分析 4-烷基苯甲酸在不同温度下的红外光谱,考察了带有羧酸基元的小分子自组装后形成具有液晶性的二聚体[12]。这种苯甲酸类单体的液晶类型为近晶相。分子式如下:

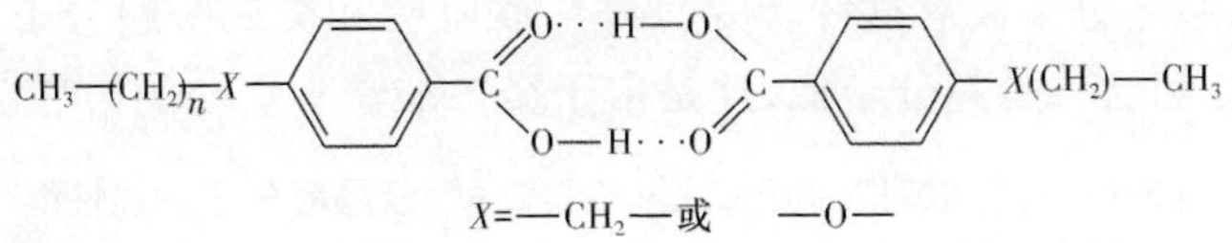

当 $X=—CH_2—$，$n=4$ 时，液晶单体的液晶区间为 88～127 ℃。当液晶单体在各向同性的状态下，发现了游离的未自组装的苯甲酸类单体，说明不能完全形成自组装物质。而把 4-烷基苯甲酸和吡啶自组装时，没有发现游离的单体，说明羧酸与吡啶可以形成更稳定的氢键。

(2) 双吡啶和双苯甲酸为端基的小分子化合物不具有液晶性，但将它们以等物质的量混合后，便形成了近晶相或向列相型超分子液晶，如图 5-2 所示。这种超分子液晶的液晶区间在升温过程中通常很窄(160～180 ℃)，而在降温过程中由于从液晶态到结晶态转变的骤冷作用导致液晶区间相对变宽。

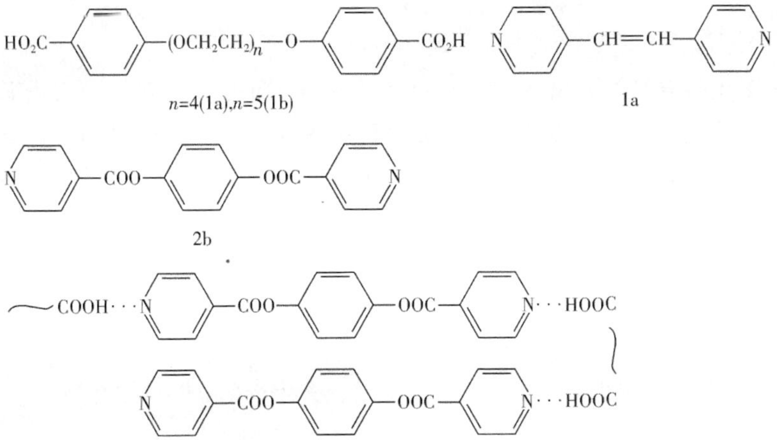

图 5-2　1a 和 2b 通过氢键自组装的主链 PCLs 的组装示意图

(3) 4,4′-联吡啶和己二酸(或癸二酸)通过在吡啶溶液蒸发的方法得到了超分子液晶，如图 5-3 所示，该混合物的液晶类型为近晶相[13]。超分子液晶的热性能见表 5-1，4,4′-联吡啶和己二酸超分子经历了由高有序性向低有序性的转变，而 4,4′-

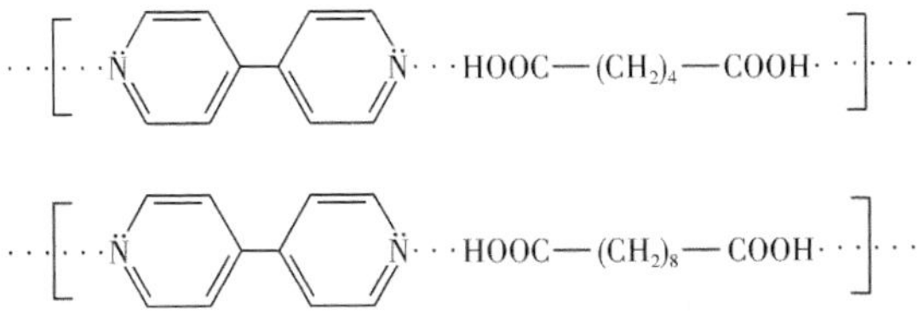

图 5-3　4,4′-联吡啶和己二酸(或癸二酸)自组装的结构表达式[13]

联吡啶和癸二酸超分子没有这种转变。4,4′-联吡啶和癸二酸超分子的 T_m 和 T_i 要比 4,4′-联吡啶和己二酸超分子低,这是由于癸二酸具有更长的柔性链。

表 5-1 4,4′-联吡啶和己二酸(或癸二酸)液晶超分子的热性能

聚合物单体		T_m/℃	$T_{LC/LC'}$/℃	T_i/℃	ΔT
4,4′-联吡啶+己二酸	一次升温	148	182	184	36
	一次降温	131	161	178	47
4,4′-联吡啶+己二酸	二次升温	143	177	181	38
	二次降温	133	157	174	41
4,4′-联吡啶+癸二酸	一次升温	—	—	172	—
	一次降温	112	—	164	52
4,4′-联吡啶+癸二酸	二次升温	127	—	172	45
	二次降温	113	—	163	50

(4) 采用带有长烷基链的树枝状醛胺小分子,通过分子间氢键自组装成具有扇形织构的六边形柱状液晶[14],其组装过程见图 5-4,其热性能见图 5-5,当第一次升温时,超分子液晶的 DSC 曲线显示了两个吸热峰,相变温度分别为 T_{m1} 为 69 ℃,

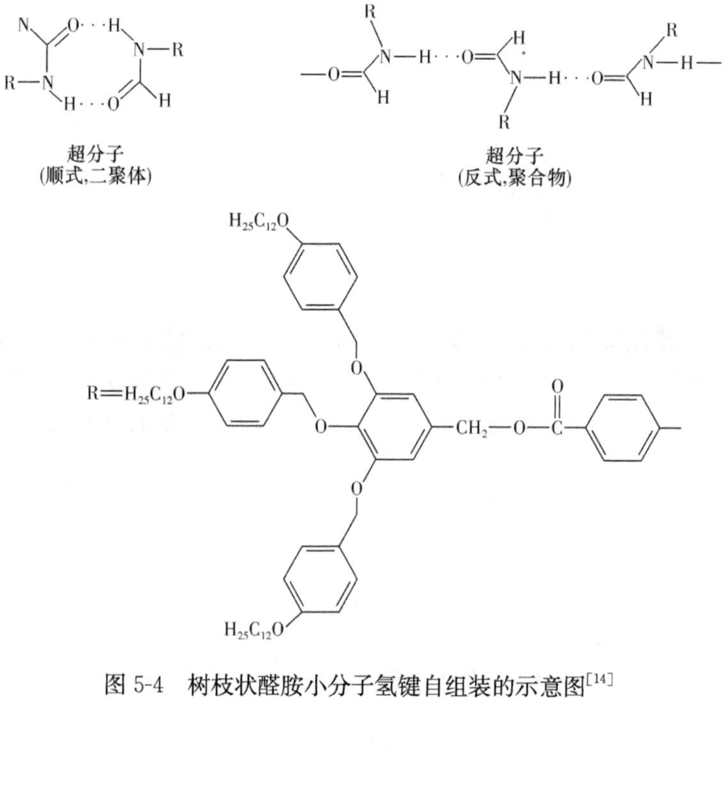

图 5-4 树枝状醛胺小分子氢键自组装的示意图[14]

T_{m2}为 79 ℃,分别对应于晶体-晶体之间转变(Cr_1-Cr_2)和晶体-各向同性相转变(Cr_2-I);第一次降温时,各向同性相-液晶相转变温度为 77 ℃,T_g为 33 ℃。当二次升温时,超分子液晶在 25 ℃时,出现冷结晶,T_i为 77 ℃,二次降温曲线与一次降温曲线一致。在降温过程中,超分子液晶为扇形织构,见图 5-6。

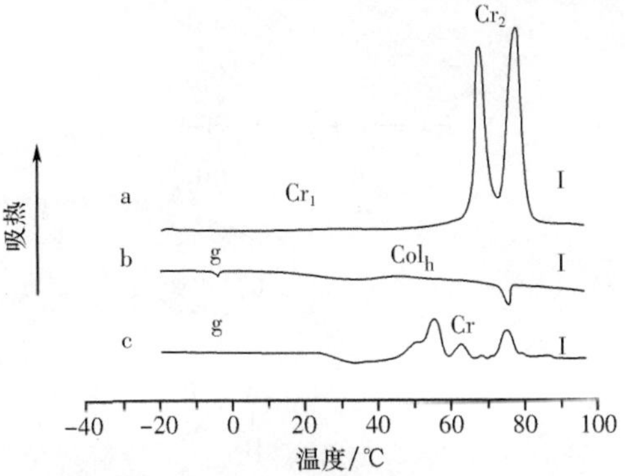

图 5-5　树枝状醛胺小分子氢键自组装超分子液晶的 DSC 曲线[14]

a. 第一次升温;b. 第一次降温;c. 第二次升温 Cr 为晶相;Col_h 为六边形柱状;g 为玻璃态;I 为各向同性相

图 5-6　树枝型超分子液晶在 T=60 ℃的扇形结构(×200)[14]

5.1.2　侧链液晶氢键自组装

氢键诱导侧链液晶聚合物最大的特点就是制备上的方便,选择适当的质子供体和质子受体就能通过自组装方法得到新的分子结构;通过改变二元组分的配比或多元复合可实现超分子液晶性的可控调节。本书中分别介绍了羧酸之间、羧酸和吡啶之间通过氢键形成的侧链超分子自组装。

1. 含羧酸的液晶聚合物的自组装

含羧酸的硅氧烷类的侧链聚合物由于氢键的作用，自组装形成了 S_C 型的液晶聚合物[18]，表明无论是带有羧酸的小分子还是聚合物分子间都可以进行氢键自组装，结构式如下：

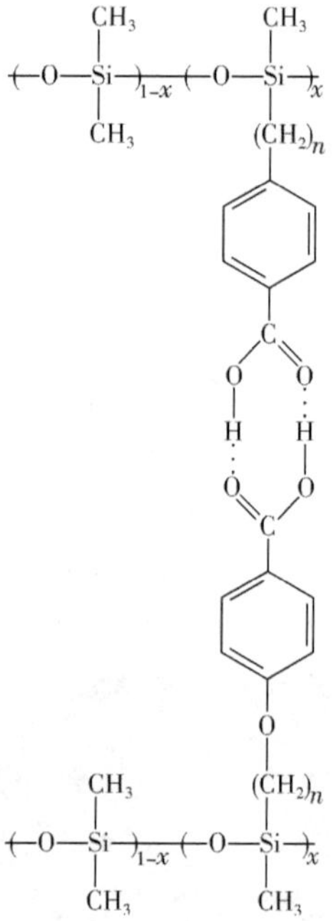

2. 含羧酸的液晶聚合物与含吡啶环的小分子自组装

用含羧酸的梳状液晶共聚物与含吡啶环的手性液晶小分子通过氢键形成自组装体系[9]。部分数据见表 5-2，数据表明所有带有羧基的共聚物都形成了向列相。在组装前，控制羧酸基元的含量应不低于 20%（摩尔分数），以便与手性小分子 M_t 形成氢键，将下列 C_1 ～ C_5 的聚合物与手性小分子混合，在共混中没发现相分离现象。图 5-7 为上述组装所用的 LC 共聚物、M_t 及两者氢键自组装产物的分子式。图 5-8 为手性混合物的相转变图：a 为 C_1-M_t，b 为 C_2-M_t，c 为 C_4-M_t，d 为 C_5-M_t。由图可以观察到，C_1-M_t 聚合物在 M_t 整个含量范围内都显示向列相型液晶，而 C_2-M_t 和 C_3-M_t 聚合物只在 M_t 含量较少时，才显示向列相（分别在摩尔分数为 8.5%和 2.8%以下）。C_2-M_t 和 C_3-M_t 具有向列相和近晶相两个相转变。对于 C_4-M_t 和 C_5-M_t 聚合物没有观察到玻璃化区间，当 M_t 含量较低时（摩尔分数小于 8%），聚合物显示向列相型液晶聚合物，当含量高于 8%（摩尔分数）时，显示近晶相液晶聚合物。

表 5-2　液晶共聚物的热力学转变温度和相对分子质量[9]

样品	M_n	M_w	M_w/M_n	相转变/℃
C_1	3300	5000	1.5	g $\xrightarrow{30}$ N $\xrightarrow{88}$ I
C_2	3800	5700	1.5	g $\xrightarrow{15}$ N $\xrightarrow{90}$ I
C_3	3700	5000	1.3	g $\xrightarrow{12}$ N $\xrightarrow{94}$ I
C_4	3600	5400	1.5	— — N $\xrightarrow{106}$ I
C_5	3400	4800	1.4	— — N $\xrightarrow{100}$ I

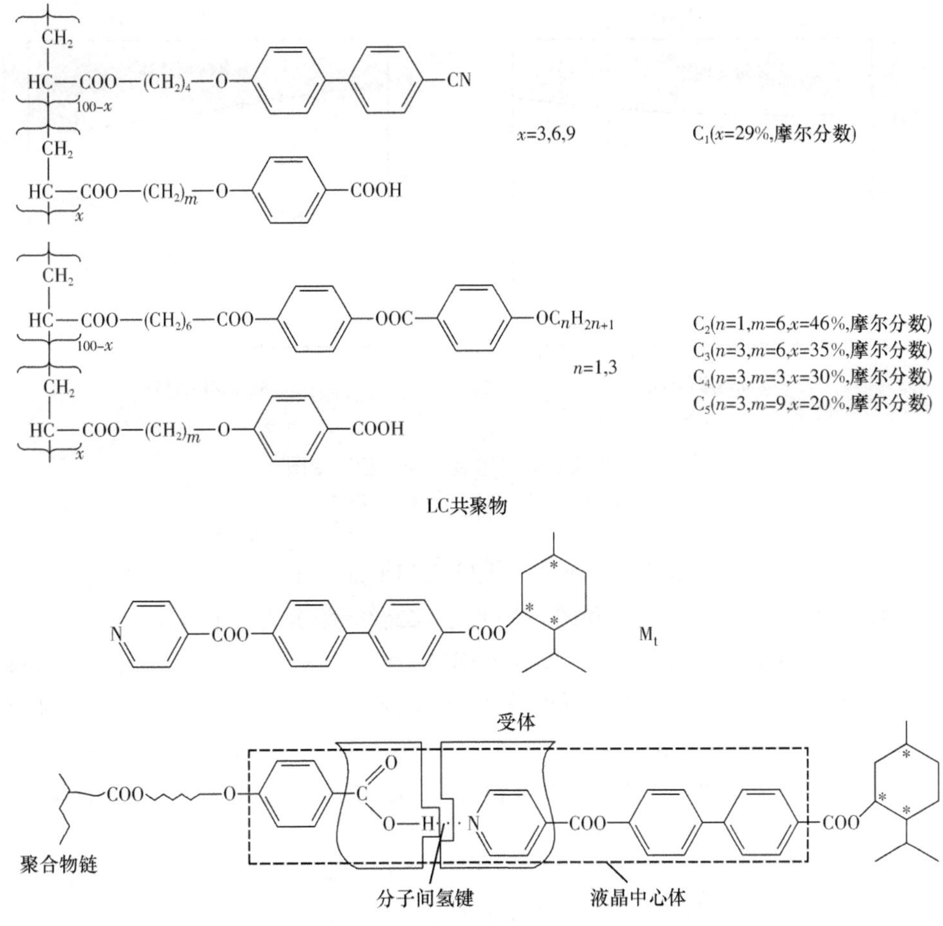

图 5-7　LC 共聚物和 M_t 以及两者氢键自组装产物的分子式[9]

新的呈棒状的液晶核较原共聚物的液晶核大，清亮点也有所提高。随 M_t 含量的增加，对于 C_1-M_t 系列而言，T_g 略有减少，而 C_2-M_t 和 C_3-M_t 系列的 T_g 略有升高。

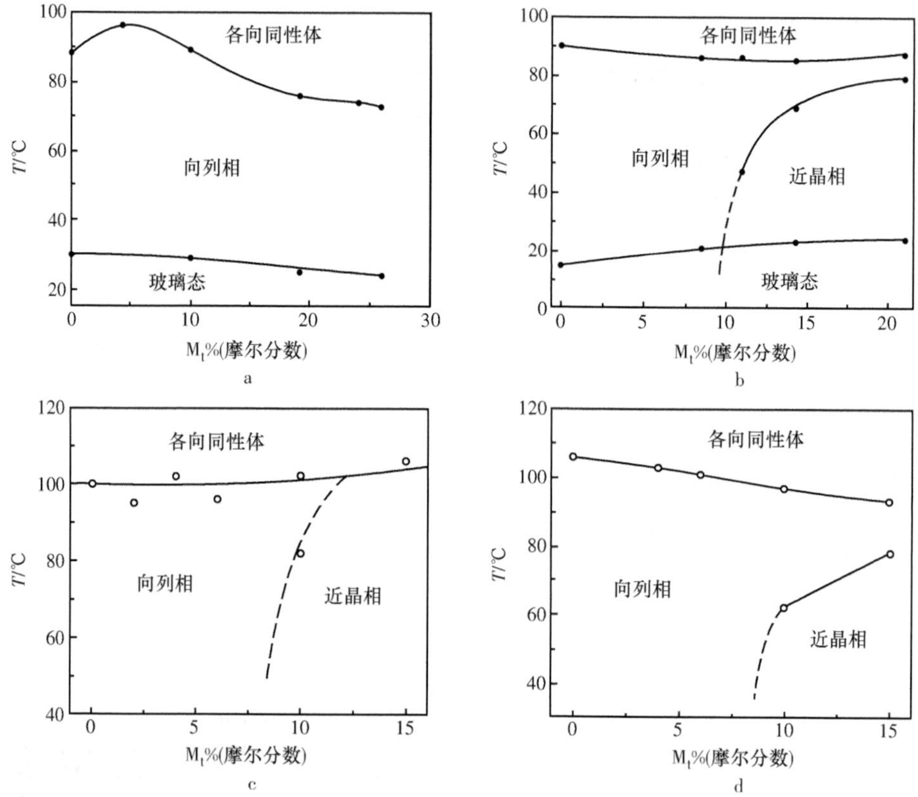

图 5-8　手性氢键自组装产物的相转变图[9]

a. C_1-M_t；b. C_2-M_t；c. C_4-M_t；d. C_5-M_t

大分子苯甲酸作为给予体和小分子吡啶之间形成分子间氢键[5]，自组装成了热致的侧链液晶超分子，如图 5-9 和图 5-10 所示：二者等摩尔比的组装体，展现了稳定的近晶 A 相，例如聚 4-己氧基苯甲酸（P6OBA）和反式-4-烷氧基-4′-苯乙烯基吡啶（nOSz）的组装体在 89～200 ℃显现近晶 A 相，聚合物的端基对熔点和各向同性温度的影响表现了奇偶效应（odd-even）。表明单体 6OBA 和 nOSz 通过等摩尔配比混合也能形成由分子间氢键络合成的液晶配合物，且形成相同的氢键类型和类似的介晶相。

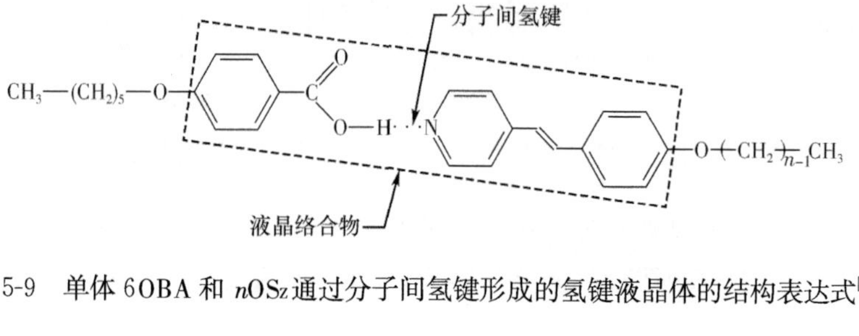

图 5-9　单体 6OBA 和 nOSz 通过分子间氢键形成的氢键液晶体的结构表达式[5]

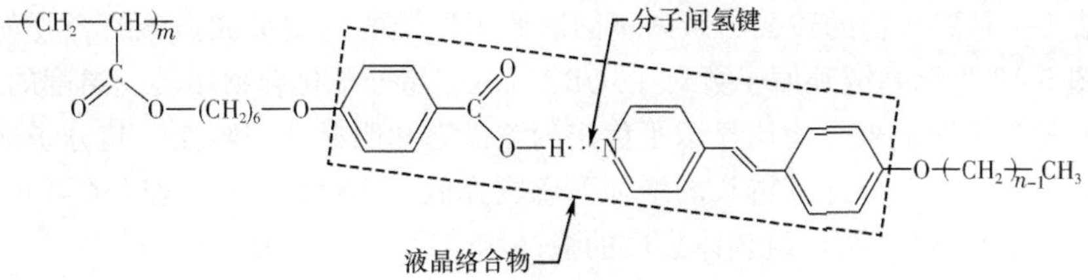

图 5-10　P6OBA 和 nOSz 通过分子间氢键形成的侧链液晶聚合物的结构表达式[5]

表 5-3 是含羧酸的单体与系列不同碳原子尾链的吡啶形成强碱络合物的相行为。由表可见，所得的超分子化合物均具有明显的相转变温度和相同的液晶类型。图 5-11 为烷基链碳原子数对 6OBA-nSOz 等摩尔比超分子化合物相转变温度的影响。由图可见，超分子化合物的液晶类型取决于烷基链的长度，n=1 时，仅为向列相；当 n=2～5 时既显示了向列相也显示近晶相；n=6、7、8、10 时均为近晶相。

表 5-3　6OBA 和 nOSz 通过氢键形成 6OBA-nOSz 的热性能[5]

1∶1 氢键混合物	相变^a						
6OBA-1OS$_Z$			K 91(25.5)	N 158(2.5)	I		
6OBA-2OS$_Z$		K 86(8.0)	K 112(52.1)	S$_A$ 128(0.2)	N 166(5.5)	I	
6OBA-3OS$_Z$			K 102(22.3)	S$_A$ 130(0.3)	N 153(3.1)	I	
6OBA-4OS$_Z$			K 103(20.4)	S$_A$ 142(1.5)	N 156(7.3)	I	
6OBA-5OS$_Z$			K 105(19.9)	S$_A$ 146(1.5)	N 151(8.7)	I	
6OBA-6OS$_Z$	K 70(5.4)	K 94(7.6)	K 103(9.5)	S$_X$ 112(2.5)	S$_A$ 156(11.7)	I	
6OBA-7OS$_Z$	K 78(12.9)	K 84(9.7)	K 102(9.3)	S$_X$ 117(3.6)	S$_C$ 122(0.6)	S$_A$ 157(14.7)	I
6OBA-8OS$_Z$		K 60(17.4)	K 91(8.1)	S$_X$ 122(4.2)	S$_C$ 127(0.3)	S$_A$ 159(14.3)	I
6OBA-10OS$_Z$			K 60(29.0)	S$_X$ 124(4.0)	S$_C$ 141(0.2)	S$_A$ 159(15.3)	I

a. 相变(℃)和焓变(kJ · mol^{-1})；K 为结晶，S 为近晶相，N 为向列相，I 为各向同性，S$_X$为不确定的近晶相。

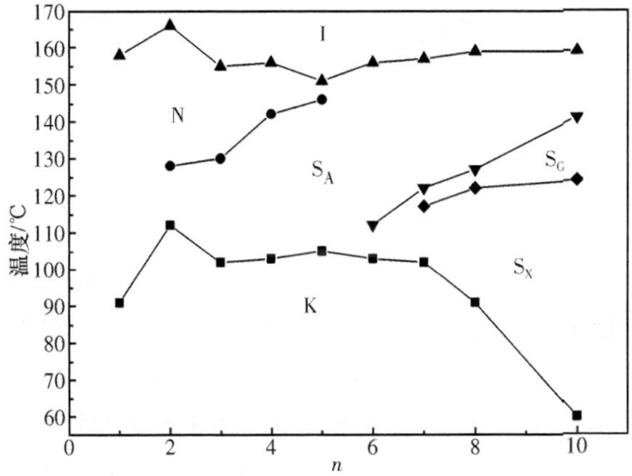

图 5-11　烷基链碳原子数对 6OBA-nSOz 等摩尔比超分子化合物相转变温度的影响[5]

表 5-4 是聚合物的羧酸与系列不同碳原子尾链的吡啶形成强碱络合物的相行为。图 5-12 为烷基链碳原子数对 P6OBA-nSOz 超分子化合物相转变温度的影响。所有的超分子液晶聚合物均显示了稳定的液晶态和明显的相转变。超分子液晶聚合物的清亮点并没有随碳链长的增加而急剧降低。比较表 5-3 和表 5-4 可知,相对于单体自组装,聚合物自组装体形成的液晶相热稳定性更好。

表 5-4　P6OBA 和 nOSz 通过氢键形成 P6OBA-nOSz 的热性能[5]

1∶1 氢键混合物	相变									
P6OBA-1OSz			g	38	K_1	74(4.7)	S_A	194(4.7)	I
P6OBA-2OSz			g	51	K_1	89(7.9)	S_A	200(5.7)	I
P6OBA-3OSz	g	39	K_1	85(5.1)	K_2	97(2.3)	S_A	192(6.8)	I
P6OBA-4OSz	g	40	K_1	84(6.7)	K_2	111(2.1)	S_A	200(10.5)	I
P6OBA-5OSz	g	34	K_1	79(4.0)	K_2	114(2.1)	S_A	192(8.2)	I
P6OBA-6OSz	g	35	K_1	64(0.9)	K_2	124(2.8)	S_A	197(11.6)	I
P6OBA-7OSz	g	34	K_1	71(1.7)	K_2	126(3.8)	S_A	191(13.8)	I
P6OBA-8OSz	g	35	K_1	68(1.3)	K_2	133(3.3)	S_A	190(12.1)	I
P6OBA-10OSz	g	35	K_1	68(1.2)	K_2	135(4.6)	S_A	181(13.4)	I

a. 相变(℃)和熵变(kJ · mol^{-1});K 为结晶,S 为近晶相,N 为向列相,I 为各向同性。

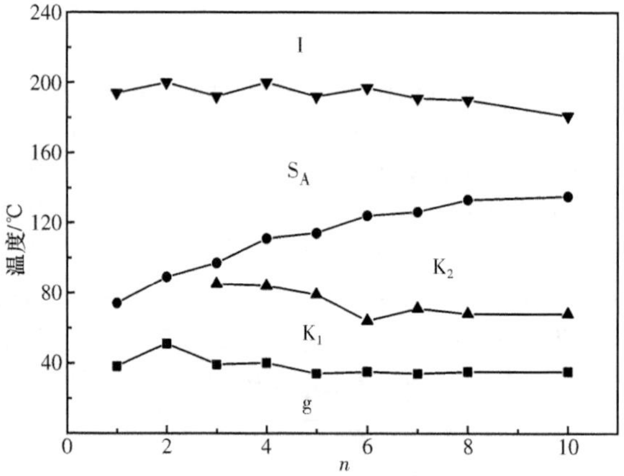

图 5-12　烷基链碳原子数对 P6OBA-nSOz 等摩尔比超分子化合物相转变温度的影响[5]

图 5-13 为侧链含羧基的硅氧烷类液晶聚合物为质子给予体与小分子质子受体自组装形成了侧链超分子液晶[19],并把它们与小分子氢键自组装进行了比较。为了研究悬链形成的氢键对聚硅氧烷形成超分子液晶聚合物性能的影响,首先讨论一系列小分子与小分子,PS-PA、PS-MA 和 MS-PA 之间形成的氢键配合物。由表 5-5 可见,所有聚合物-小分子形成的超分子液晶的清亮点都高于小分子-小分子形成的超分子化合物的清亮点。例如,PSO(小分子)-PMA_m(聚合物)形成的超分

子体系的清亮点(111.5 ℃)比与其结构相类似的 PSO-MA(小分子)形成的超分子体系的清亮点(62.5 ℃)更高，结果表明聚合物小分子之间形成的 N—O…H—O 氢键比小分子-小分子之间形成相同的氢键更稳定。

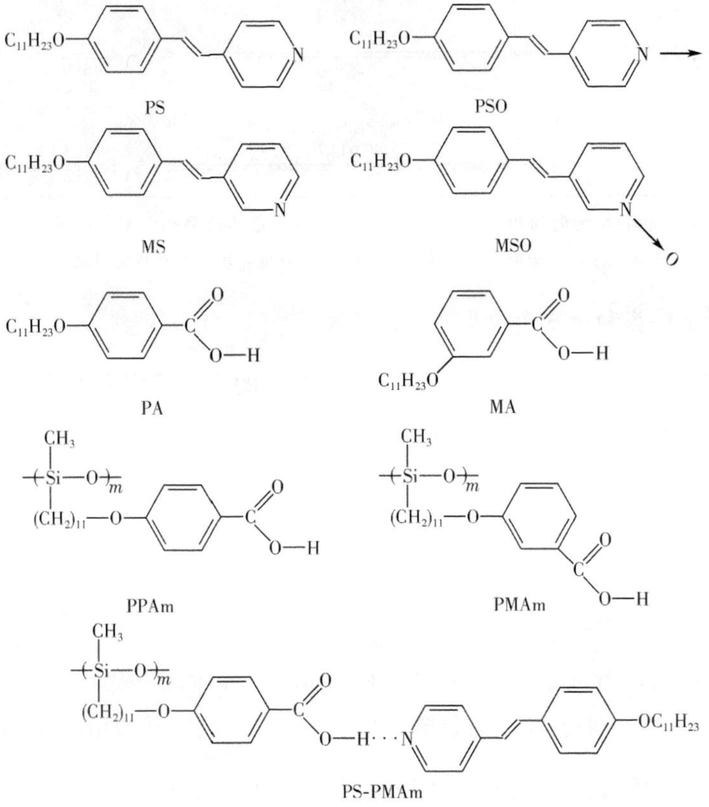

图 5-13　硅氧烷的侧基羧基和单体自组装形成侧链超分子液晶的分子式[19]

表 5-5　超分子液晶的相转变温度(℃)和相应的焓变($J \cdot g^{-1}$)[19]

PS-PA	K $\underset{91.2(107.2)}{\overset{100.1(107.4)}{\rightleftharpoons}}$ S_F $\underset{119.3(10.1)}{\overset{122.4(8.2)}{\rightleftharpoons}}$ S_C $\underset{149.8(29.5)}{\overset{163.1(30.8)}{\rightleftharpoons}}$ I
PS-MA	K $\xrightarrow{54.5(56.9)}$ S_C；$S_C \xrightarrow{36.1(4.7)} S_X \xrightarrow{21.0(23.8)}$ K；S_C $\underset{67.0^a}{\overset{68.7(3.4)}{\rightleftharpoons}}$ S_A $\underset{82.8(a)}{\overset{85.8(6.4)}{\rightleftharpoons}}$ I
MS-PA	K $\underset{71.5(122.9)}{\overset{81.4(135.0)}{\rightleftharpoons}}$ I
PSO-PA	K $\underset{90.6^b}{\overset{101.2(87.8)}{\rightleftharpoons}}$ S_X $\xrightarrow{107.5(104.1)}$ S_A；$S_A \xrightarrow{95.7^b} S_C$；$S_A$ $\underset{124.6(14.9)}{\overset{127.1(14.8)}{\rightleftharpoons}}$ I
PSO-MA	K $\underset{37.3(38.5)}{\overset{54.6(41.7)}{\rightleftharpoons}}$ S_A $\underset{60.0(3.4)}{\overset{62.5(11.3)}{\rightleftharpoons}}$ I
PS-PPA22	K $\underset{60.1(26.5)}{\overset{78.0(14.3)}{\rightleftharpoons}}$ S_X $\underset{125.9(6.3)}{\overset{129.9(4.9)}{\rightleftharpoons}}$ S_C $\underset{131.0^c}{\overset{135.0^c}{\rightleftharpoons}}$ S_A $\underset{181.8(9.1)}{\overset{187.8(8.4)}{\rightleftharpoons}}$ I

续表

PS-PMA22	K $\underset{62.6(0.3)}{\overset{85.1(0.4)}{\rightleftharpoons}}$	S_A $\underset{109.9(8.2)}{\overset{114.1(5.7)}{\rightleftharpoons}}$ I
MS-PPA22	K $\underset{53.5(25.3)}{\overset{74.7(29.9)}{\rightleftharpoons}}$	S_A $\underset{92.2(0.5)}{\overset{103.8(0.5)}{\rightleftharpoons}}$ I
PSO-PPA22	K $\underset{69.2(24.4)}{\overset{92.4(10.9)}{\rightleftharpoons}}$	S_A $\underset{164.9(4.3)}{\overset{172.8(3.4)}{\rightleftharpoons}}$ I
PSO-PMA22^A		S_A $\underset{106.7(3.0)}{\overset{111.5(2.0)}{\rightleftharpoons}}$ I
MSO-PPA22	K $\underset{72.6(14.0)}{\overset{99.1(14.7)}{\rightleftharpoons}}$	S_A $\underset{135.6(3.7)}{\overset{142.4(1.8)}{\rightleftharpoons}}$ I

注：K 为结晶；S 为近晶相；N 为向列相；I 为各相同性；S_X为不确定的近晶相。A 为降温过程无结晶现象。a. 重叠峰总焓变为 11.8J/g；b. 重叠峰总焓变为 168.7J/g；c. 偏光观察到的相转变温度

3. 大分子铵基和小分子羧基单体自组装

含吡啶环的大分子作为质子受体，带羧酸基团的小分子作为质子给予体[20,21]，形成的分子间氢键模式如图 5-14 所示。

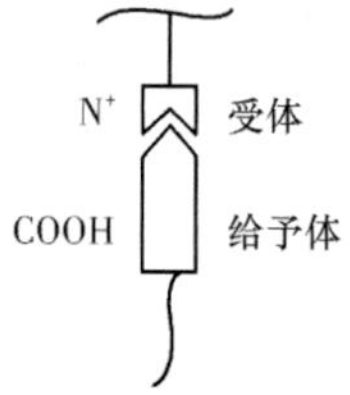

图 5-14　含吡啶环的大分子和带羧基的小分子单体自组装模式

用含吡啶悬链的聚氨酯作为氢键受体[22]，4-十二烷氧基苯甲酸作为氢键给予体，合成了聚氨酯超分子液晶。该超分子液晶展现了固态$\xrightarrow{35\ ℃}$近晶$\xrightarrow{89\ ℃}$向列$\xrightarrow{120\ ℃}$各向同性的转变，其结构式如下：

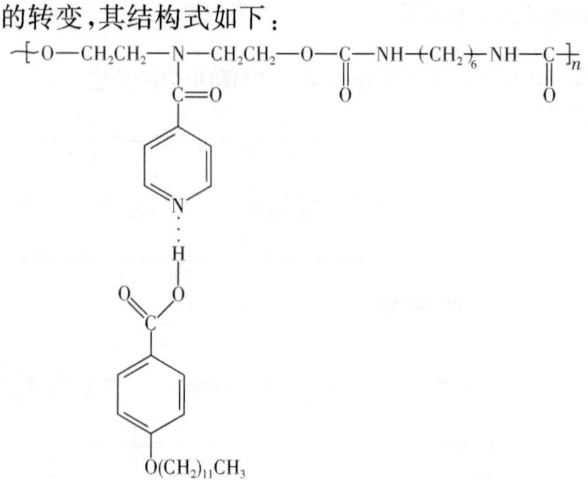

图 5-15 是聚氨酯超分子液晶在不同温度下的 XRD 谱图，当温度为 30 ℃时，在 $2\theta=24.1^\circ$出现一个尖的衍射峰，即侧链的链间距为 3.7 Å；当温度为 80～90 ℃时，出现了两个小角峰分别为 $2\theta=5.4$ 和 7.3°，这显示了近晶相的重叠多层结构，在广角区也出现了一些衍射峰，这是由近晶层的有序结构造成的；当温度超过 90 ℃时，近晶层有序结构消失，这与 DSC 数据中在 89 ℃时出现了由近晶相向向列相转变的结果一致。

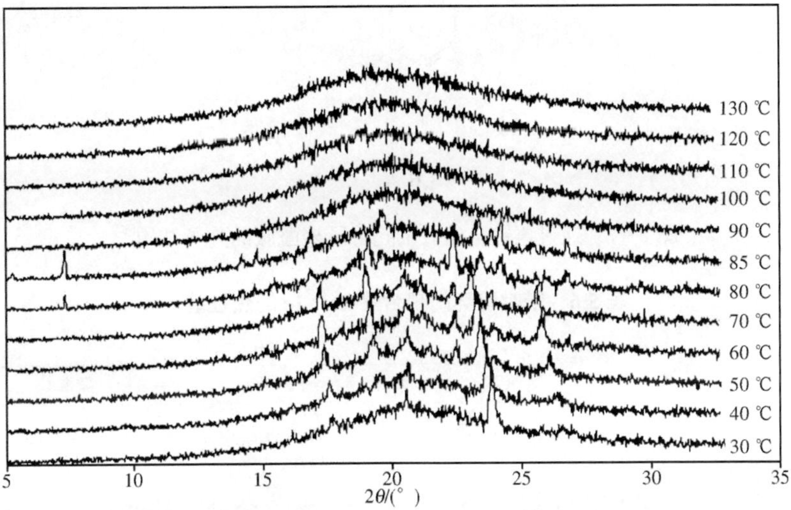

图 5-15　聚氨酯超分子液晶在不同温度下的 XRD 谱图[22]

Kato 等[6]报道了通过含有吡啶盐(2,6-二氨基吡啶)的聚酰胺为主链与苯甲酸衍生物形成双氢键，得到了一系列超分子络合物，其分子组成与分子结构见图 5-16 和图 5-17 所示。吡啶液晶化合物、苯甲酸衍生物及二者生成的超分子络合物的热性能分别列于表 5-6、表 5-7 和表 5-8。

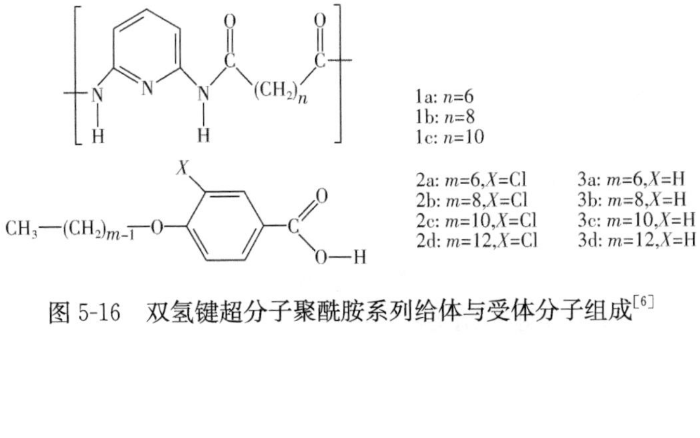

图 5-16　双氢键超分子聚酰胺系列给体与受体分子组成[6]

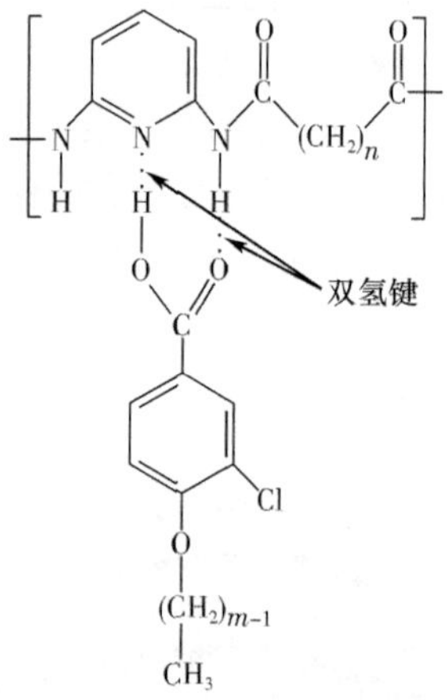

图 5-17　通过氢键自组装的超分子聚酰胺的分子结构[6]

表 5-6　带吡啶环的聚合物 1a～1c 的热性能[6]

	$M_n \times 10^{-3}$	相变/℃			
		升温		降温	
		T_g	T_c^*	T_m	T_g
1a	2.3	60	137	222	60
1b	2.3	74	—	220	72
1c	2.9	70	133	201	70

* T_c 为冷结晶温度。

表 5-7　苯甲酸衍生物 2 和 3 的热性能[6]

	相变/℃						
2a	K	121	I				
2b	K	98	I				
2c	K	101	I				
2d	K	105	I				
3a	K	108	N	154	I		
3b	K	100	S_C	108	N	148	I
3c	K	98	S_C	126	N	143	I
3d	K	94	S_C	132	N	138	I

注：K 为结晶；S_C为近晶 C 相；N 为向列相；I 为各向同性相。

表 5-8 提供了一系列超分子配合物的热性能数据，所生成的配合物均具有液晶性。由于聚合物 1a-1c/2a 分子链上的烷基链最短，因而具有最高的熔点。随着聚酰胺分子链上烷基链长度的增加，清亮点也逐渐升高。聚合物 1a/2b 的熔点最低、清亮点最高，其液晶区间为 129 ℃。

表 5-8　超分子配合物的热性能

	相变/℃				
1a/2a	K	113	M	218	I
1a/2b	K	92	M	221	I
1a/2c	K	93	M	211	I
1b/2a	K	113	M	177	I
1b/2b	K	94	M	177	I
1b/2c	K	98	M	186	I
1c/2a	K	113	M	176	I
1c/2b	K	96	M	174	I
1c/2c	K	101	M	177	I
1c/2d	K	101	M	182	I

注：DSC 检测；M 为液晶相。

绝大多数小分子液晶只显示单变液晶相，而超分子液晶会出现互变液晶相，这表明有新的液晶相结构形成，但是所形成的超分子结构并非都是稳定的，在 DSC 测试中有时能观察到两种组分的相分离现象，POM 的测试结果也支持了上述现象。与小分子-小分子氢键自组装的配合物相比，聚合物和小分子形成的氢键更稳定。

综上所述，由于铵离子的极性相对较弱，液晶态的形成主要是靠液晶基元。通常铵离子的引入，很少改变液晶态的类型，但可使液晶相拓宽。铵离子在主链，液晶基元在侧链，部分液晶相类型有所改变，例如，文献[7]报道液晶类型由向列相转变为近晶相。相对来说，关于含铵盐类液晶聚合物的研究已较为全面和深入，它最主要的应用是在液晶材料方面，特别是在带有阴离子聚合物的自组装方面，是不可缺少的重要材料之一，它以铵离子的增容作用和液晶基元的微纤增强作用使材料的性能大大提高，同时又由于液晶基元的取向性较大，降低了加工温度，作为新型高分子助剂将在高强度、高性能复合材料中具有广阔的应用前景。

5.2　离子键超分子液晶配合物

离子键超分子液晶配合物和氢键生成的液晶配合物一样，是一种新的有生命力的自组装物质。离子键总是由一个柔性大分子烷基链和小分子的离子头构成。

由于离子和烷基链不相容，导致体系具有两亲性[23,24]。

5.2.1 带有羧基和铵基的自组装体系

由带有羧酸基团的（PAA）和带一个铵基的液晶分子（B）通过质子转移可以配合形成离子键液晶聚合物[25]。PAA 和液晶分子 B 的结构如下：

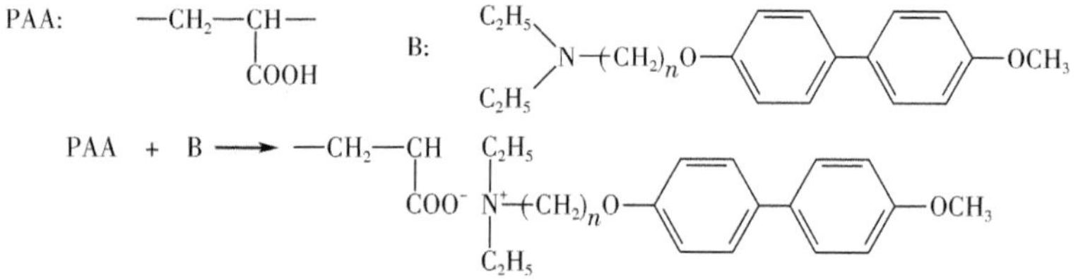

尾链的长度对配合物 PAA＋B 的熔点影响不大，配合物的液晶类型可能是 S_E 相，图 5-18 表明了配合物 PAA＋B 和单纯的小分子 B 的 T_m 相比变化不大，但是配合物的 T_i 随着尾链长度的增加而升高，碳原子数为 8 以后表现了奇偶效应，最小值出现在碳原子数为 8 时。红外分析表明，质子从酸转移到叔胺上，在 1550 cm^{-1} 处出现的峰是由不对称的酯基伸缩振动而引起的，同时在 1700 cm^{-1} 附近还出现了羧酸的羰基峰，说明在等摩尔配合物中还残留着少量的羧酸聚合物（PAA）没有组装上；小角中子散射结果也表明，上述配合物的液晶相和聚合物相存在着微相分离。在制备过程中根据 PAA/10 配合比例的不同，可以观察到两个转化温度和热焓上的微小差别（通常 $\Delta T \leqslant 5$ ℃）[26]。

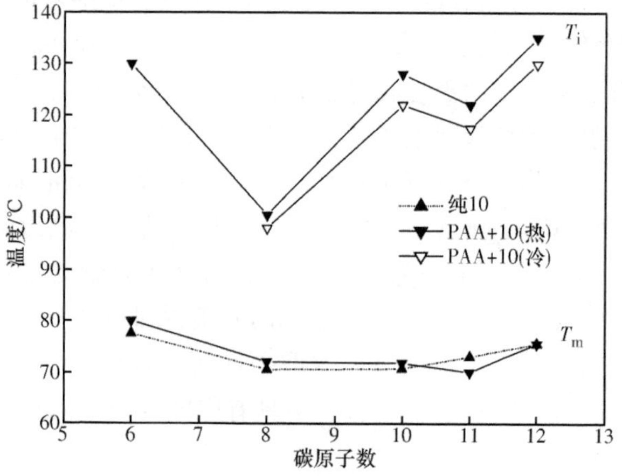

图 5-18 PAA＋B 配合物的碳原子数与相转变温度的关系[25]

通过质子转移，聚乙撑亚胺（PEI）和带有羧酸基团的液晶单体也可形成配合物[27]，如图 5-19 所示。

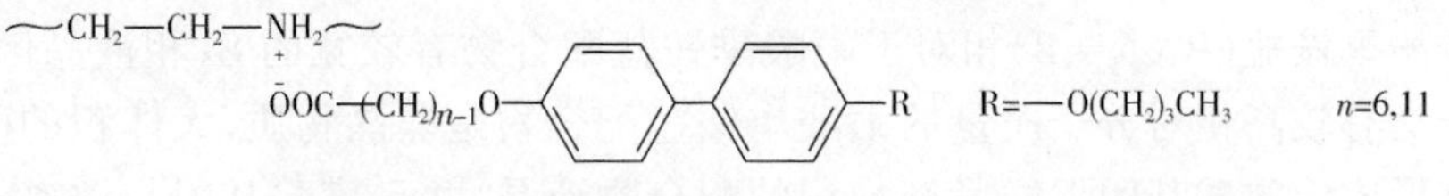

图 5-19　聚乙撑亚胺和带有羧酸基团的液晶单体配合物结构[27]

5.2.2　带有磺酸基和铵基的离子自组装体系

最近研究带有磺酸基和铵基的离子自组装体系的报道逐渐增多。由聚磺酸乙烯酯(PVSA)和带一个铵基的液晶分子(11)配合成的离子键液晶聚合物[25]，含有离子官能团的 PVSA 聚合物和小分子液晶 11 通过离子交换反应形成的离子络合物，其过程如图 5-20 所示，图 5-21 为其假设分子结构。

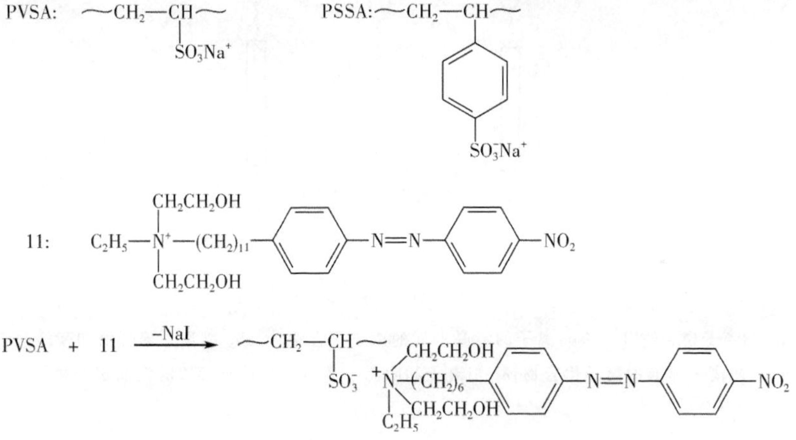

图 5-20　PVSA＋11 离子络合物的形成过程

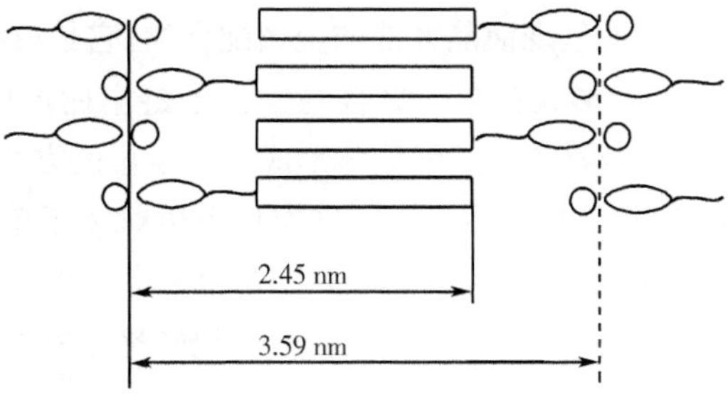

图 5-21　近晶相化合物 PVSA＋11(ME-28)的假设分子结构[25]

PVSA＋11 和 PSSA＋11 都表现了很宽的 S_A 液晶相区间和高的转变焓(3～5 $kJ \cdot mol^{-1}$)，这是离子间相互作用的结果。POM 测试结果表明，两者都是焦锥织构，但是 DSC 曲线没有观察到相转变。

羧酸季铵盐(PAA+B)相对于磺酸季铵盐配合物有较宽的 S_A 相液晶区间，这是由于具有较高相对分子质量的磺酸季铵盐配合物是非晶物质，大体积的磺酸基团很难形成像羧酸基团那样紧密堆积的配合物液晶；并且磺酸基团与铵离子的强烈相互作用限制了液晶化合物的流动，影响液晶相的形成[28]。

离子配合物是自发产生的，分子组装后都易呈现近晶层状结构，热历史和化合物的组成决定了晶格是单层或双层分子结构。对于聚电解质复合物和带相反电荷的表面活性剂形成的浓度较低的溶液，其可能形成单层或多层的晶格结构[3,25]。图 5-22 有助于我们理解离子配合物的概念和热致非共价键配合物的组成形式。

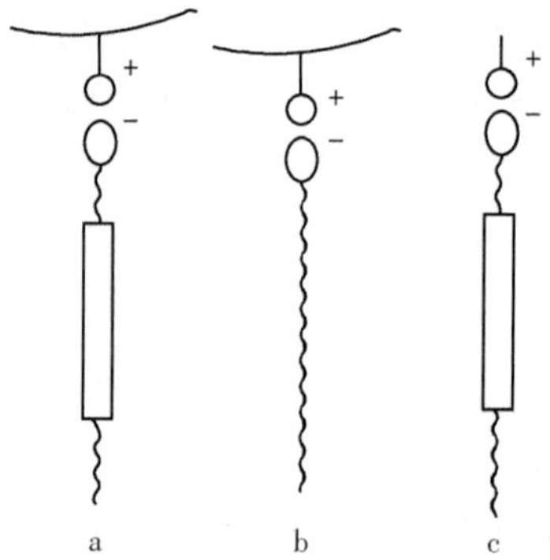

图 5-22

a. 阳离子聚合物和含有阴离子的液晶基元的离子化合物[25]；b. 阳离子聚合物和磺酸盐阴离子形成的离子化合物；c. 阳离子和阴离子通过非共价健形成的液晶聚合物

5.3 金属转移配位聚合物液晶

金属液晶聚合物是能够呈现液晶性能的金属配合物，它是由金属离子(如铜、镍、铝、铂、锌、钴、钒等) 以配位形式存在于聚合物大分子链中而形成的，它们具有离子或非共价键的特性。通过金属和齿状配位体形成金属配位的方法把金属引入液晶材料中，使这种复合材料具有新的特性，另外，这类材料也赋予了单一的有机材料更大的结构差异性，因此金属液晶将成为一类重要的液晶材料。液晶金属配位聚合物可以分为金属非交联型和金属交联型两种，可以通过金属转移或配位化合物方法制备[29]。

5.3.1 含 Zn^{2+} 金属配位组装的超分子液晶

图 5-23 为十二烷基苯基磺酸锌[$Zn(DBS)_2$]和聚 4-乙烯基吡啶 P4VP 形成的配位络合物，该配位络合物具有液晶性[30]，在 90 ℃时可以观察到 $Zn(DBS)_2$ 的双折射，而 $Zn(DBS)_2$/P4VP 的摩尔比为 0.5～1.0 时的配位产物的双折射至少要到

200 ℃才能出现。

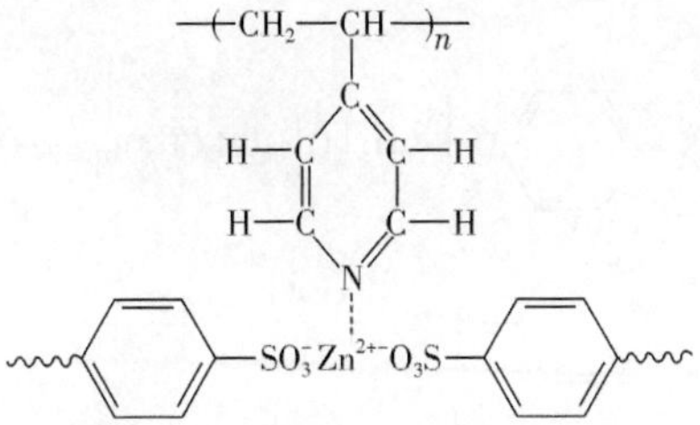

图 5-23 十二烷基苯基磺酸锌和聚 4-乙烯基吡啶形成的配位络合物示意图[29]

红外光谱证明了 Zn^{2+} 和 VP 之间已经络合配位；X 射线分析表明，$Zn(DBS)_2$/P4VP 的层厚(26.28 Å)比单纯的 $Zn(DBS)_2$ 层厚(23.7 Å)稍大，图 5-24 对这两个配合物的结构进行了比较。

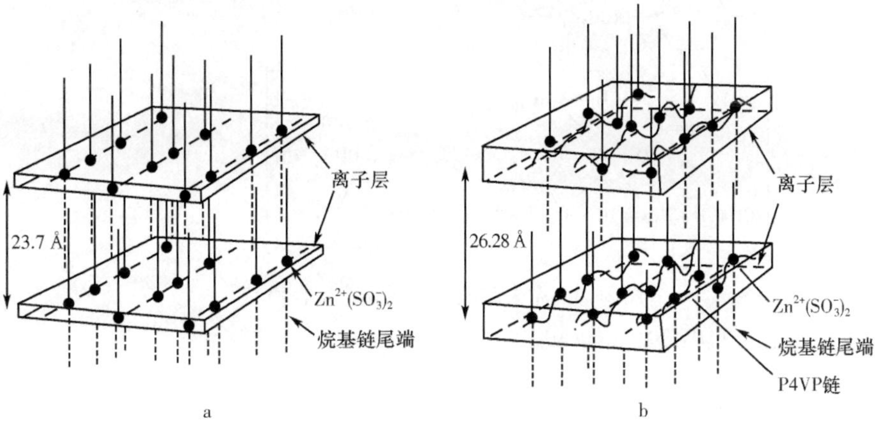

图 5-24 两种不同配合物的比较示意图[30]

a. 只含有 $Zn(DBS)_2$ 薄离子层；b. 含有 $Zn(DBS)_2$ 和 P4VP 的厚离子层；黑点表示离子 $Zn^{2+}(SO_3^-)_2$

5.3.2 含 Cu^{2+} 金属配位组装超分子液晶

Cu^{2+} 配位组装超分子液晶可以采用直接配位法，即直接将单体在聚合过程中与金属盐进行配位聚合反应，也即金属配位和单体聚合同步进行。例如，席夫碱液晶金属配位聚合物就是通过直接聚合法得到的[31]。将含两个双齿配位基团的邻羟基席夫碱配体与金属离子发生配位聚合，可得到结构通式如图 5-25a 所示的液晶聚合物；席夫碱液晶金属配位聚合物也能通过单体配位法合成[31]。例如，以季铵盐做表面活性剂，将含二羟基的席夫碱与金属铜配位，再与二酰氯发生界面聚合，得到的席夫碱液晶金属配位聚合物的结构通式见图 5-25b；也可以采用先将金属配位到低分子单体上再将其聚合成大分子。如将水杨酸基亚胺醛先与 Cu 形成络合物，再与烷氧基对苯二酰氯进行缩聚制得如图 5-25c 所示的液晶金属配位聚合物[32]。

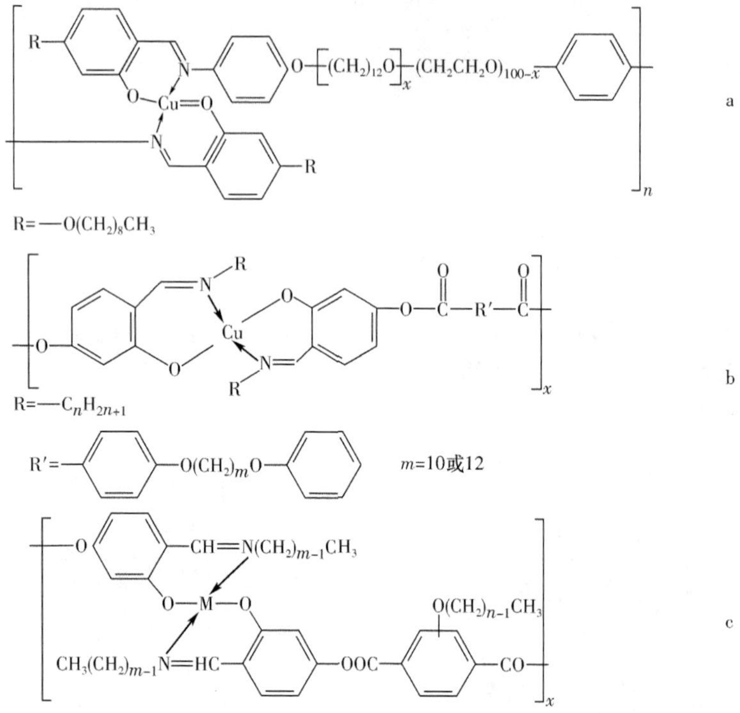

图 5-25 席夫碱液晶金属配位聚合物[31]

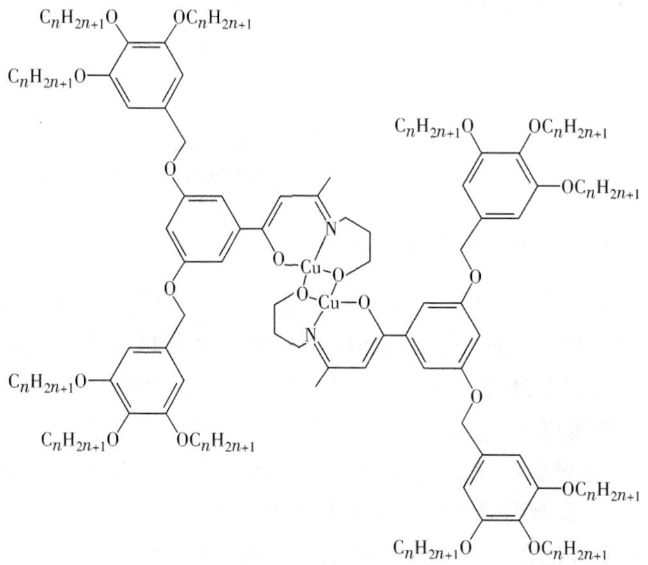

图 5-26 二价铜离子树枝状配合物的结构[33]

此外,可以采用树枝状配体与 Cu^{2+} 配位组装成超分子液晶。采用此方法配位时,金属离子位于中心,由于配位部分的构象被金属离子锁住,使核中心部位很可能失去柔性,从而使组装后的分子类似于盘形。Lai 等[33]报道了 Cu^{2+} 在树枝体核中心,由氨基丙醇和二氧六环缩合形成配体,然后和二价铜的乙酸盐形成金属配合物,原树枝状配体没有液晶性,而配位后,由于成核部分的刚性而诱导形成液晶(图 5-26),但液晶相的稳定性取决于树枝体烷基链的数目以及链的长度。当每个苯基末端含有一个或两个链时,金属配合物没有液晶性,而每个苯基末端含有三个链时,显示胆甾相。当 n=5、14、16 时,配合物没有液晶性;当 n=6～9、10、12 时,配合物显示胆甾相,相转变温度与链长有关(熔融温度为 80～100 ℃,清亮点为 100～120 ℃)。

Marcos[34]也制备了 Cu^{2+} 位于核中心并且末端带有铵基的多臂金属配位超分子液晶。其液晶类型为近晶相,但相变温度随结构不同而发生变化。图 5-27 为

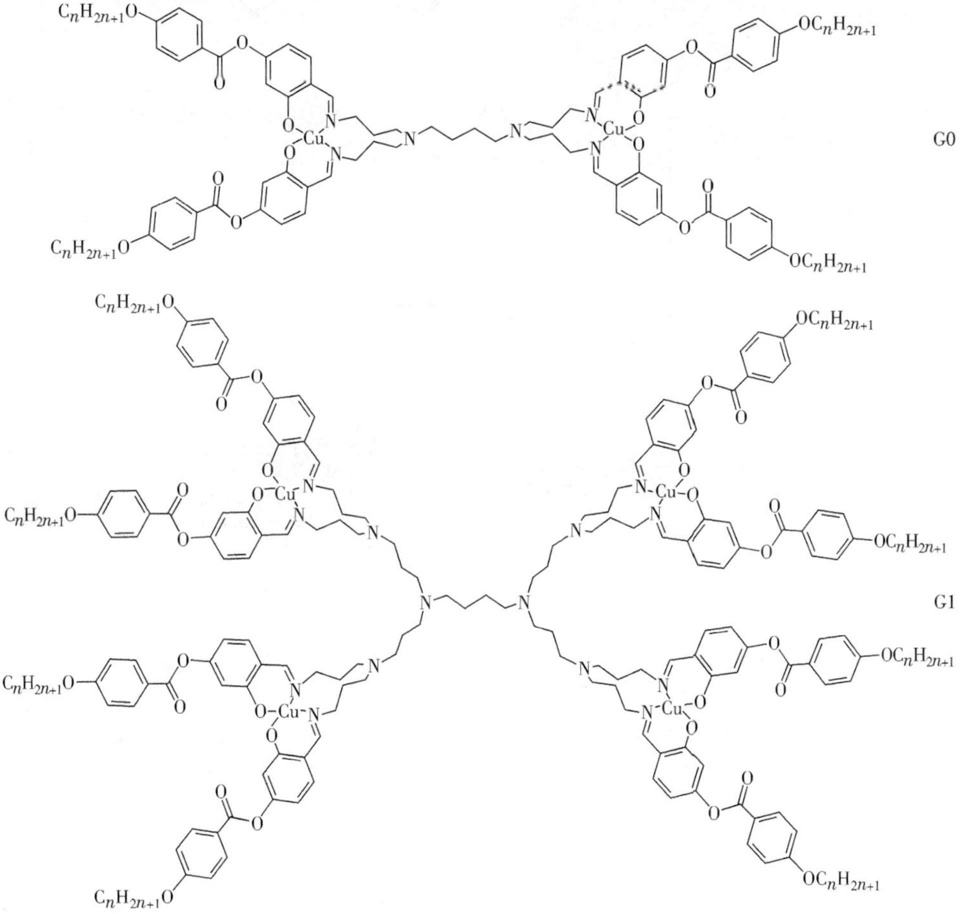

图 5-27　二价铜离子二臂和四臂配合物的结构[34]

Cu^{2+} 多臂金属配位超分子液晶的结构。

5.4 电子转移和其他类型的给-受体液晶高分子配合物

5.4.1 电子转移液晶高分子配合物

在非共价液晶聚合物中，经常采用电子转移或给-受体作用，来提升液晶相的稳定性。用分别带有电子给体和受体的均聚物共混也能产生上述效果。通过主链或侧链含有盘状电子给予体的无定形聚合物与相对分子质量低的电子受体组装成盘-柱状液晶相[35~38]，图 5-28 显示了组装的示意图。

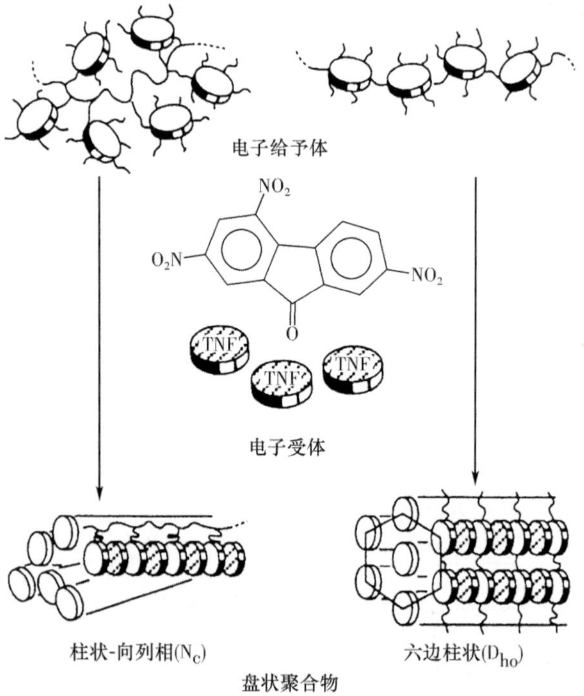

图 5-28 通过电荷交换作用在盘状聚合物中形成液晶配合物的示意图[35~38]

富离子基是一个三苯基单元，电子给予体是芴酮衍生物，当 20%～25%(摩尔分数)的 2,4,7-三硝基芴酮(TNF)加到侧链的聚甲基丙烯酸或聚丙烯酸中时获得柱状的液晶组装配合物，当 TNF 含量较低时(如 10%，摩尔分数)，获得的聚合物为无定形体，当含量较高时，约在 30%(摩尔分数)以上，就会产生相分离。

主链每 10～14 个亚甲基就带有一个间隔基的聚酯形成六边柱状液晶相，而 20 个亚甲基才出现一次的长间隔基就产生无定形的液晶相，但如果添加 25%(摩尔分数)或更多的 TNF,在无定形的液晶相中就能产生有序的六边形的柱状液晶相,通常强电子受体 2,4,7-三硝基芴酮-9-ylidene-丙二腈(TNF-CN)提高配合物的清亮点,结果表明使用手性电子受体对生成或控制柱状结构是非常有意义的。

作为电子受体的聚合物和作为电子给体的单体所形成的配合物也能产生盘状液晶相,例如,用带有 TNF 的主链聚酯与一个三苯基衍生物复合时[39],即可得到盘状液晶。为避免相分离,电子给予体必须过量于电子受体,其摩尔比至少为 3∶1。同时主链的烷基间隔基的长度对固定和稳定获得盘状液晶的配合物也起重要作用。图 5-29表达了当间隔基太短(图 5-29a)或太长(图 5-29c)时,受体不能很好地与给体配合,而图 5-29b 说明,聚合物间隔基长度适中时,才能与给体的柱状相很好的配合。

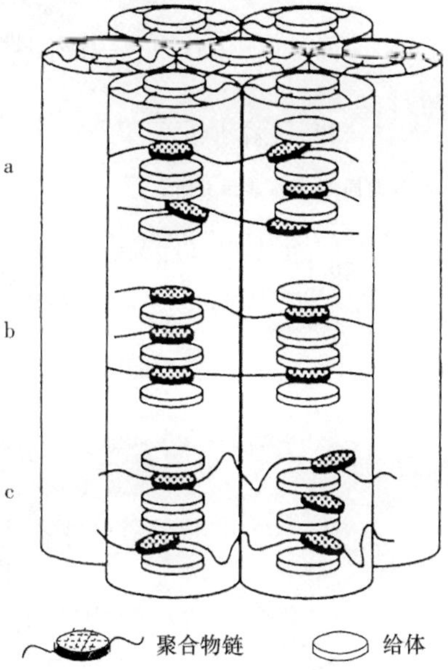

图 5-29　具有不同的间隔基长度的小分子盘状液晶其给受体自组装示意图[39]

a. 间隔基太短;b. 间隔基长度适中;c. 间隔基太长

5.4.2　其他类型

鱼骨状聚甲基硅氧烷液晶聚合物与铜离子形成的络合物[40],如合成路线 5-1 所示,热性能见表 5-9。与 H-DK-Cu 相比,Cu-H-DBDKLCP 有较高的熔融温度,并且随着庚烯醇含量的增加,熔融温度降低。与此同时,清亮点也随着庚烯醇含量的增加而降低,液晶区间随着庚烯醇含量的增加而变窄。不加庚烯醇时,液晶区间为 246 ℃,但是当庚烯醇的质量分数为 20%时,液晶区间降低到 159.4 ℃。

表 5-9 DSC和偏光显微镜测定性质[40]

样 品		摩尔比率 1-庚烯醇 /DK-C11-C12	相转变温度 T/℃ (ΔH/J·g^{-1})	液晶相区间 ΔT/℃	织 构
H-DK-Cu	a-1	0.2∶0.8	$Cr \xrightarrow[(53.63)]{62.7} LC \xrightarrow[(30.72)]{149.34} I$	86.6	线性织构
	a-2	0.4∶0.6	$Cr \xrightarrow[(35.94)]{59.3} LC \xrightarrow[(19.73)]{143.9} I$	84.6	线性织构
Cu-H-FBDKLCP[a]	ref. 1	0	$Cr \xrightarrow[(6.0)]{74} LC \xrightarrow{320} Dec$	246	线性织构
Me-DK-Cu	b-1	0.2∶0.8	$Cr \xrightarrow[(1.09)]{120.3} LC_1 \xrightarrow[(1.96)]{132.4} LC_2 \xrightarrow[(0.76)]{141.1} I$	20.8	马赛克织构
	b-2	0.4∶0.8	$Cr \xrightarrow[(2.54)]{63.4} LC_1 \xrightarrow[(4.17)]{142.34} LC_2 \xrightarrow[(2.3)]{148.61} I$	85.2	马赛克织构
Cu-C-FBDKLCP[a][42]			$Cr \xrightarrow[(5.6)]{-1.2} LC \xrightarrow{-290} Dec$	218.8	线性织构

a. Cr 表示晶体，LC 表示液晶，I 表示各向同性，Dec 表示分解。

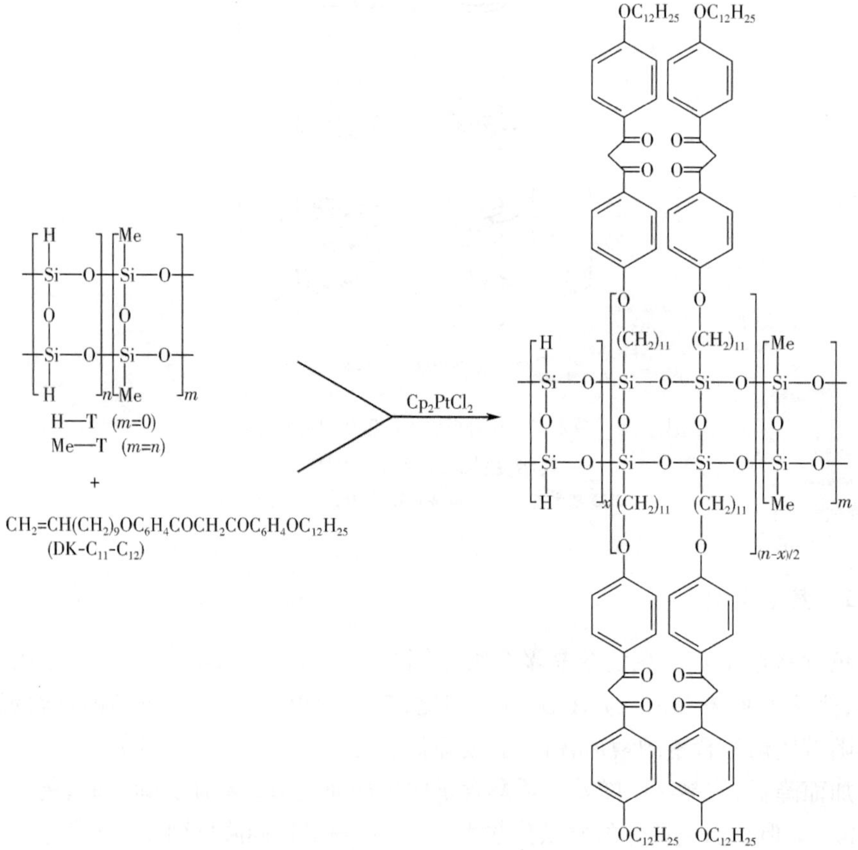

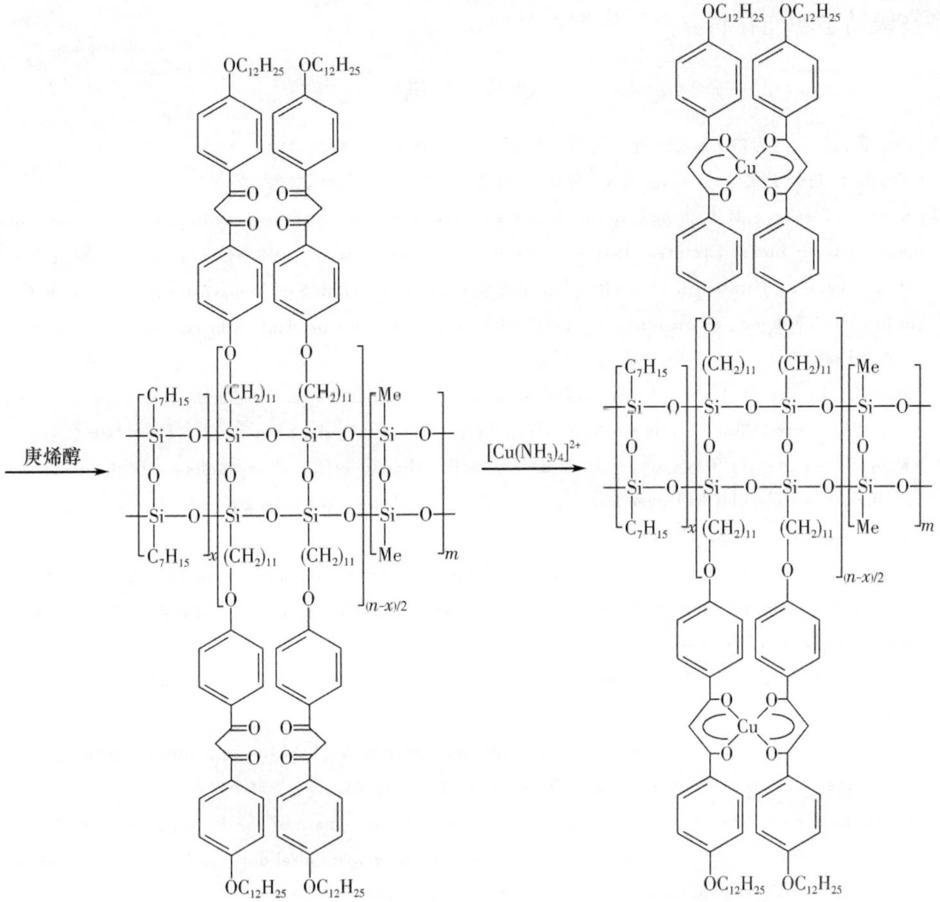

H—DK(m=0)和Me—DK(m=n)　　H—DK—Cu(m=0)和Me—DK—Cu(m=n)

合成路线 5-1 H-DK-Cu 和 Me-DK-Cu 合成反应路线[40]

与 Cu-C-FBDKLCP[42] 相比，Me-DK-Cu 的热性能更复杂，其显示了两个液晶相，而 Cu-C-FBDKLCP 只显示了一个液晶相。Me-DK-Cu(b-2，庚烯醇/DK＝0.4/0.6)的液晶区间降低到 132.8 ℃，这是由于清亮点明显降低。b-1(庚烯醇/DK＝0.2/0.8)的熔融温度要高于 b-2，而 b-1 的清亮点要低于 b-2，因此，随着庚烯醇含量的增加，液晶区间变宽。

超分子液晶不仅保留了原液晶聚合物的特性，而且扩大了原液晶聚合物的应用范围，通过它们的组合搭配可以构建出具有不同组成、不同结构和各种功能的新型高分子材料，兼有与其组装物质的性能，如金属的电和磁特性、生物特性、纳米特性及光学特性，因此随着研究工作的不断深入，必将取得令人瞩目的成果。Kato[41] 预言分子间次价相互作用在未来材料的设计中以及等级序结构在加工制备高级动态功能材料方面将发挥重要作用。

参考文献

[1] 孙小强,孟启,阎海波. 超分子化学导论. 北京:中国石油化工出版社,1996

[2] Vögtle F.超分子化学.张希,林志宏,高蒨译.长春:吉林大学出版社,1995

[3] Kato T, Frechet J M J. A new approach to mesophase stabilization through hydrogen bonding molecular interactions in binary mixtures. Journal of American Chemistry Society, 1989, 111: 8533~8534.; Taguchi K, Yano S, Hiratani K et al. Ring-opening polymerization of 3(S)-[(benzyloxycarbonyl)methyl]-1,4-dioxane-2,5-dione: a new route to a poly(α-hydroxy acid) with pendant carboxyl groups. Macromolecules, 1988, 21(11): 3338~3340

[4] Stuart J, Rowan P, Mather T. Structure bond: supramolecular interactions in the formation of thermotropic liquid crystalline polymers. Berlin Heidelberg: Springer-Verlag, 2008, 128: 119~149

[5] Kato T, Kihara H, Uryu T et al. Molecular self-assembly of liquid crystalline side-chain polymers through intermolecular hydrogen bonding. polymeric complexes built from a polyacrylate and stilbazoles. Macromolecules, 1992, 25(25): 6836~6841

[6] Kato T, Ihata O, Ujiie S et al. Self-assembly of liquid-crystalline polyamide complexes through the formation of double hydrogen bonds between a 2,6-bis(amino)pyridine moiety and benzoic acids. Macromolecules, 1998, 31(11): 3551~3555

[7] Roche P, Zhao Y. Side-chain liquid crystalline ionomers. 2. orientation in a magneticField. Macromolecules, 1995, 28(8): 2819~2824

[8] Vuillaume P Y, Galin J C, Bazuin C G. Ionomer and mesomorphic behavior in a tail-end, ionic mesogen-containing, comblike copolymer series. Macromolecules, 2001(4), 34: 859~867

[9] Barmatov E B, Bobrovsky A Y, Pebalk D A. Cholesteric mesophase of the hydrogen-bonded blends of liquid crystalline ionogenic copolymers with a low molecular weight chiral dopant. Journal of Polymer Science: Part A: Polymer Chemistry, 1999, 37(16): 3215~3225

[10] Merta J, Torkkeli M, Ikonen T et al. Structure of cationic starch(CS)/anionic surfactant complexes studied by small-angle X-ray scattering(SAXS). Macromolecules, 2001, 34(9): 2937~2946

[11] Gray D H. Elizabeth J, Hai D et al. Assembling metal ions on the nanometer scale using polymerizable lyotropic liquid crystals. Polym Prepr Am Chem Soc Div Polym Chem, 1999, 40 (1): 429~430

[12] Kato T, Jin C, Kaneuchi F et al. Bull Chem Soc Jpn, 1993, 66: 3581

[13] Bhowmik P K, Wang X B, Han H. Main-chain, thermotropic, liquid-crystalline, hydrogen-bonded polymers of 4,4′-bipyridyl with aliphatic dicarboxylic acids. Journal of Polymer Science: Part A: Polymer Chemistry, 2003,41(9):1282~1295

[14] Tian Y Q, Kamata K, Yoshida H et al. Synthesis, liquid-crystalline properties, and supramolecular nanostructures of dendronized poly(isocyanide)s and their precursors. Chemistry European Journal, 2006, 12:584~591

[15] Lee C M, Jariwala C P, Griffin A C. Heteromeric liquid-crystalline association chain polymers: structure and properties. Polymer, 1994, 35(21): 4550~4554

[16] Alexander C, Jariwala C P, Lee C M et al. Hydrogen-bonded main chain liquid crystalline polymers. Am Chem Soc Polymer Prepr, 1993, 34(1): 168~169

[17] Alexander C, Jariwala C P, Lee C M et al. Macromol Symp, 1994, 77: 283～294
[18] Blumstein A, Clough S B, Patel L et al. Crystallinity and order in atactic poly(acryloyloxybenzoic acid) and poly(methacryloyloxybenzoic acid). Macromolecules, 1976, 9(2): 243～247
[19] Lin H C, Lin Y S, Lin Y S et al. Supramolecular side-chain liquid crystalline polymers with various kinked pendant groups, Macromolecules, 1998, 31(21):7298～7311
[20] Bazuin C G, Brandys F A. A.Novel liquid-crystalline polymeric materials via noncovalent "grafting" Chem Mater, 1992, 4(5): 970～972
[21] Brandys F A, Bazuin C G. Mixtures of an acid-functionalized mesogen with poly(4-vinyl pyridine). Chem Mater, 1996, 8: 83～92
[22] Gabriela A, Majda Ž. Supramolecular liquid-crystalline polyurethane. Macromolecular Rapid Communication, 2000, 21(1): 53～56
[23] Skoulios A, Guillon D. Molecular Crystals and Liquid Crystals, 1988, 165: 317～332
[24] Brostow W. Properties of polymer liquid crystals: choosing molecular structures and blending. Polymer, 1990, 31: 979～995
[25] Ujiie S, Limura K. Thermal properties and orientational behavior of a liquid-crystalline ion complex polymer. Macromolecules, 1992, 25(12): 3174～3178
[26] Bazuin C G, Tork A. Generation of sidechain-like polymer liquid crystals through ionic complexation. Am Chem Soc Polym Prepr, 1996, 37(1): 776～777
[27] Brandys F A. PhD Thesis, Quebec: Laval University, 1996
[28] Gohy J F, Vanhoorne P, Jérôme R. Synthesis and preliminary characterization of model liquid crystalline ionomers. Macromolecules, 1996, 29(10): 3376～3383
[29] Bazuin C G. in Polymeric materials encyclopedia. Zn: Salamone J C. CRC Press, Boca Raton, 1996, 5: 3454
[30] Ruokolainen J, Tanner J, Ten B G et al. Poly(4-vinyl pyridine)/zinc dodecyl benzene sulfonate mesomorphic state due to coordination complexation. Macromolecules, 1995, 28(23): 7779～7784
[31] 王荣民,王云普,李树本.高分子希夫碱金属配合物的研究进展(Ⅱ)聚希夫碱金属配合物的制备、表征及性能.高分子通报,1998,(2): 27～31
[32] Caruso U, Panunzi B, Roviello A et al. Rigid-chain metallomesogenic polymers containing vanadyl or copper(Ⅱ) ions coordinated in the main chain. Journal of Polymer Science, Part A: Polymer Chemistry, 2001, 39 (13): 2342～2349
[33] Lai C K, Lu M Y, Lin F J. Liquid Crystals, 1997, 23: 313～315
[34] Marcos M, Giménez R, Serrano J L et al. Dendromesogens: liquid crystal organizations of poly (amidoamine) dendrimers versus starburst structures. Chem Eur J, 2001, 7(5):1006～1013
[35] Ringsdorf H, Wustefeld R, Zentel R et al. Induction of liquid crystalline phases: formation of discotic systems by doping amorphous polymers with electron acceptors. Angew. Chem. Int. Ed. Engl., 1989, 28(7): 914～918
[36] Kreuder W, Ringdorf H. Liquid crystalline polymers with disc-like mesogens. Makromol Rapid Commun, 1983, 4(12): 807～817
[37] Wenz G. New polymers with disc-shaped mesogenic groups in the main chain. Makromol Rapid Commun, 1985, 6(8): 577～587
[38] Huser B, Spiess H. Macroscopic alignment of discotic liquid-crystalline polymers in a magnetic field.

Makromol Rapid Commun, 1988(5), 9: 337～343

[39] Kuder J E, Pchan J M, Turner S R et al. Fluorenone derivatives as electron transport materials. J Electrochem Soc, 1978, 125: 1750

[40] Wan Y Z, Qi H, Zhang L J et al. Synthesis and mesomorphic properties of cu-coordinating liquid crystalline polysilsesquioxanes with heptyl side groups. Liquid Crystals, 2000, 27(8): 1113～1118

[41] Kato T. Molecular self-assembly organic versus inorganic approaches. Berlin: Springer-Verlag, 2000, 85～146

[42] Zhang R B, Xie Z B, Wan Y Z et al. Synthesis and mesomorphic properties of fishbone-like liquid crystalline polysilsessquioxanes-I. Fishbone-like, β-diketone-based liquid crystalline polysilsesquioxanes and their copper complexes. Chinese Journal of Polymer Science, 1993, (3): 20～29

第6章 含液晶离聚物的共混体系及其复合材料

将两种或两种以上的聚合物以一定的方式组合起来形成的具有不同于原组分聚集态结构与性能的新材料，称为聚合物共混物(polymer blend)。实际上聚合物共混物是聚合物复合材料的一种，习惯上将聚合物与无机材料或金属材料等共混得到的复合材料称为聚合物基复合材料，如环氧碳纤维复合材料、聚酯/玻璃纤维复合材料等，而将两种或两种以上聚合物组成的复合材料称为聚合物共混物或高分子合金(polymer alloy)。

不断发展的高技术工业和工程需要不同性能的新型工程材料，而开发一种新型的聚合物往往涉及新单体的来源及合成、新的聚合方法的探索等，因此投资大、周期长。经验表明开发一种新的聚合物，从设计到中间实验需要10～15年时间，耗资1000万～5000万美元，而且单一品种聚合物远远不能满足各行业多方面的需求，但是将已经工业化的聚合物通过共混方法改性，不仅可以获得使各组分性能互补、性能优异的新材料，而且还可以通过偶合效应使之具备原组分所没有的性能，并可根据实际需要的不同，进行材料设计。这样不仅得到了性能优异的材料，而且耗费少、见效快、效益高，从而使原材料发挥最大的性能。

早期研究的共混体系都为二元或三元共混，但在研究中发现界面问题，特别是极性聚合物金属材料等与非极性聚合物的界面问题一直是一个普遍受关注的难点。人们使用离聚物来改善共混体系的界面相容性。最早将离聚物用于共混研究的是美国的Eisenberg[1]和Weiss等[2~9]，并在研究中作出了重要贡献。

在研究液晶聚合物(LCP)时，发现液晶基元的刚棒状结构使液晶聚合物具有纳米微纤性能，从而把液晶聚合物用于共混体系，作为原位增强材料，在研究中发现，LCP在共混体系中确实起到了微纤增强的作用，但是由于液晶聚合物的刚性太强，且多为非极性或弱极性的聚合物，因此，在共混体系中，界面分离现象虽然比碳纤维有所改善，但是把其作为微纤增强材料依然需要解决界面增容问题。

Weiss长期从事离聚物的研究，他提出把离子引入到液晶聚合物中，这样既起到了界面增容作用，同时还具有液晶增强作用。

液晶离聚物LCI是具有液晶性能的离聚物，也可以说是带有离子基团的液晶聚合物，它既具有液晶高分子的高模量、高强度的特性，又具有离聚物的增容功能。LCI用于共混复合材料中，既能起到液晶聚合物的微纤增强作用，同时也具有离子的增容作用，是改善聚合物共混体系中界面相容性的手段之一；将LCI应用于杂化材料的研究发现,液晶聚合物微纤特性可以作为纳米尺度的插层材料。目前人们不仅注重液晶离聚物的合成及性能的研究,而且正在探索液晶离聚物的应用,如含有液晶离聚物的高分子膜的研究、液晶离聚物与热塑性树脂的共混体系的研究等。

6.1 离聚物共混体系研究的历史和现状

6.1.1 离聚物

离聚物是一种离子化的聚合物,离子通常为—COO^-、—SO_3^-、—$P^{+3\cdot5}$[9]和═N^+,另外还可以是离子对和两性离子,离聚物可以通过单体与离子单体共聚得到,也可以用化学方法使聚合物离子化制备。自 1975 年 Makowaski 等制成磺酸化聚苯乙烯以来,关于离聚物的研究一直非常活跃[3~16],在国外已经形成几大著名研究群体,如 Eisenberg[1,17~19], Weiss[2~9,21~23], Lundberg[10,11], Radhakrishnan[12,13]等;国内的研究者主要有中国科学院化学研究所的何嘉松[24,25]、复旦大学的周春林[26,27]和中山大学的李卓美[28,29]等。人们对离聚物的结构、性质有了较深入的认识。尽管对离聚物中存在有离子富集区这一点已经形成共识,由于对离聚物微结构表征的手段不同,提出的结构模型也不尽相同。根据对离子富集区的形成、大小、结构等方面的不同解释,提出了离聚物的各种结构类型,如壳芯模型、硬球模型[30]、层状模型以及其他模型[14,20]。最近的一个模型是 Eisenberg 等[17]沿用他本人提出的离聚物中存在两种聚集形式,即多重体和群集体的概念,吸收硬球模型的思想提出的。该模型认为,在离聚物中,一定数量的离子对(一般少于 8 对)聚集在一起形成的多重体,其直径约为 0.6 nm,内部不含有碳氢链部分,其外部包裹着一层厚度约 1 nm 的碳氢链,此层中碳氢链结构与基体相同,但由于离子多重体的影响,其链运动较基体受到更多的限制,称为运动受限区;分散的离子多重体在基体中起着交联点的作用,从而使材料的 T_g 升高。随着离子含量的增加,多重体之间的平均距离逐渐减小,多重体外的运动受限区渐渐发生重叠,离子含量越大,这种重叠的区域也越大。当这种链运动受阻重叠区大到足以产生它自己的 T_g 时,表明已形成了聚集体,并且整个离聚物表现出相分离的特征行为。

聚合物接上离子基团以后,其性质会发生相应变化,最明显的是 T_g 升高,力学抗疲劳性、模量、熔体及溶液黏度、特征松弛时间等性质都会增加,断裂伸长下降。这些变化都是由于离聚物的特殊结构造成的,这些物理量的变化程度又与以下几点有关:①离聚物的离子类型(羧基或磺酸基等);②离子基团的含量;③中和离子的种类(过渡金属离子或非过渡金属离子、金属离子的价数等);④中和程度;⑤甚至同样组成的离聚物,因制备方法不同,二者性能也有一定的差异。因此,研究上述诸多因素对离聚物性能、结构的影响将促进离聚物理论的发展。

6.1.2　含离聚物的共混体系

当极性聚合物和非极性聚合物共混时，相分离现象常导致共混物的性能不能达到预期目标。当把离聚物用于共混体系时，改善了组分间的界面性质。在对单一离聚物广泛研究的基础上，越来越多的研究者把兴趣转向含离聚物的共混体系，从聚合物-离聚物的二组分体系到聚合物-离聚物-聚合物三组分体系，研究的重点是离聚物所带来的特殊相互作用。结果表明，离聚物可以增加组分之间相互作用，是提高组分相容性的有效助剂。早期将离聚物用于共混研究的 Eisenberg[1] 在研究聚苯乙烯/聚丙烯酸/聚丙烯酸乙酯和聚苯乙烯/聚异戊二烯的相容性时发现，当聚苯乙烯的苯环上引入 5%(质量分数)的磺酸基团，丙烯酸乙酯和聚异戊二烯上分别引入 5%(质量分数)的乙烯基吡啶，则聚苯乙烯与丙烯酸乙酯、聚异戊二烯的相容性大大提高，其原因就是共混体系的组分间产生了离子-离子相互作用。近年来的研究成果主要集中在以下几个方面。

1. 二元组分共混体系

二元组分体系的相容性一直是高分子共混物研究中的热门课题。通过交联、互穿网络、氢键、偶极-偶极相互作用、酸碱相互作用、离子-偶极相互作用[29]、电荷转移络合、过渡金属络合等方法可以改善聚合物间的相容性，其中一些方法就是通过引入离聚物而实现的，即二元组分共混体系。它是复杂的体系，其内部的相互作用很可能是上述几种作用之一，也可能是几种作用的协同。目前已成功开发出聚对苯二甲酰对苯二胺/聚酰胺、聚苯并噻唑/聚 2,5-苯并咪唑、聚对苯二甲酰对苯二胺/聚氯乙烯等二元组分高分子共混体系。

2. 三元组分共混体系

离聚物内部的特殊结构——离子聚集体的存在带来特殊的相互作用，使得向高分子体系内加入离聚物成为引入相互作用的一个简便易行的方法。将它直接与需要增容的二组分体系共混，形成了聚合物-离聚物-聚合物三元共混体系，离聚物分别与两种聚合物都有一定的相容性，在它们之间搭桥而提高两者的相容性，而且这种作用不是化学键，其结合没有化学键那么强烈，改变条件可以消除此作用，恢复条件，此作用又可复生。正是离聚物的这些特点，使它在特殊性膜、记忆性材料、增强材料、热塑性弹性体、高分子共混物、生物药剂等方面有着广泛的应用。

3. 离聚物与共混体系之间的相互作用

按离聚物在共混体系中组分之间的特殊相互作用类型不同，可将含离聚物的共混体系分为如下几类。

直接的离子-离子相互作用体系 在这类体系中，特殊相互作用是由离子-离子间直接的库仑力引起的。对丙烯酸乙酯与 *N*-甲基-4-乙烯基吡啶的共聚物和苯乙烯与甲基丙烯酸四烷基氨酯的共聚物[32]的共混体系的研究发现，两组分在苯/甲醇(体积比为 90/10)混合溶剂中发生小分子脱去反应，形成直接的离子-离子相互作用，增加了两者的相容性。

形成直接离子-离子相互作用的另一途径是质子迁移，如磺化顺式-1,4-聚异戊二烯与苯乙烯/4-乙烯基吡啶共聚物的共混体系[31]，其中的相互作用是由于质子从磺酸基迁移到乙烯基吡啶上而产生正负离子的静电相互作用；磺化聚苯乙烯与以铵基封端的聚醚的共混物中两组分间的相互作用也属于正负离子的静电相互作用[21]。氮上的孤对电子对质子有较强的吸引作用，若一个高分子链上含有氮，当其与一个含羧基的离聚物共混，且此羧基上的氢质子化倾向较大时，质子便可能从羧基迁移到氮上，形成质子迁移的直接离子-离子相互作用。

离子对-离子对相互作用体系 当游离酸形式的离聚物被中和成非过渡金属盐形式的离聚物时，酸根离子与抗衡离子之间的静电作用较强，不易断开，便形成了一个离子对。当此离聚物与另一具有离子对的离聚物混合时，它们之间会产生离子对-离子对的相互作用，如聚苯乙烯离聚物/聚丙烯酸乙酯和聚氨酯/聚苯乙烯离聚物共混体系[19,32]。

离子-偶极相互作用体系 此种作用相对较弱。在此体系中一组分是盐形式的离聚物，另一组分是极性高分子，如聚醚、聚酯、聚酰亚胺、取代聚乙烯等。

金属络合相互作用体系 当离聚物以过渡金属盐的形式存在时，它与含氮的另一聚合物混合后便可能产生金属络合相互作用。这是由于过渡金属原子存在着空的 d 轨道，而氮原子含有孤对电子，这对孤对电子进入过渡金属原子的空 d 轨道中，便形成了络合物形式的特殊相互作用。含过渡金属盐的离聚物与含非过渡金属盐的离聚物，分别与含吡啶基团聚合物的相互作用；尼龙 6 与磺化聚苯乙烯的锰盐离聚物的共混体系中也存在着金属络合作用[3,34]。

氢键相互作用体系 氢键是一种很常见的相互作用形式，无论在小分子体系(如水)，还是在高分子体系中，都可能有氢键存在。在游离酸形式的离聚物的二元组分体系中，氢键也是较常见的。如在聚环氧乙烷/聚丙烯酸体系中，两者的相容性是由于醚与羧基之间的氢键相互作用造成的，这种作用与前述的质子迁移是很相似的，只是程度不同。其实，单纯的质子迁移在离聚物体系中也是较难实现的，只是在以磺酸基为侧基的离聚物中，磺酸基中的氢质子化倾向更大一些，所以形成质子迁移的相互作用。而在以羧基为侧基的离聚物中，羧基上的氢质子化倾向较小，一般不与羧基断开，而是与另一组分的富电子部分形成氢键。

几种作用相协同的体系　离聚物二元体系是复杂的体系,其内部的相互作用很可能是上述诸多作用的总和。在聚酰胺/磺化聚苯乙烯锰盐体系中的相互作用包括氢键、离子-偶极、金属络合物等三种相互作用形式。因此,根据设计材料性能的不同要求,选择不同的相互作用类型或是它们的组合。

6.1.3　含 LCP 的共混体系

LCP 作为塑料使用的主要是聚酯类热致性 LCP 及其共混物。其共混体系包括:

1. 两种不同结构的 LCP 共混体系

实现两种不同结构的 LCP 共混有物理共混法和化学共混法两种。物理共混法是通过溶液或熔融共混使两种 LCP 进行机械混合。这种 LCP 合金成本高,仅作为改善某个特定性能并发生某种协同效应时才选用此法。例如,全芳香族液晶聚酯 K161 与 LCP 聚对苯二甲酸乙二酸酯(PET)/对羟基苯甲酸[PHB(60)]共混,PET/PHB(60)是可纺的,而 K161 的热稳定性好,这样得到的共混 LCP 合金纤维既有可纺性,又具有很高的耐热性。化学共混法制得的 LCP 合金有两种类型:一类是多元共聚制得的嵌段聚合物合金,另一类是将两种带有末端可反应基团的 LCP,在一定条件下相互进行缩聚反应,形成两组分的嵌段共聚物。如全芳族的液晶聚酯与液晶 PHB/PET 进行扩链反应的产物,就属于这一类。

2. 热致液晶聚合物(TLCP)和热塑性聚合物(TP)共混

此体系可使 TP 的某些性能显著提高,从而提高材料的档次,并使液晶聚合物扩大了应用领域,而合金的成本比一般塑料增加不多。这是目前研究的最多最广的体系[33~35]。

1) TLCP 和 TP 共混体系简介

非液晶性的热塑性聚合物(TP)和 TLCP 共混,以热塑性聚合物为基体,LCP 在熔融混炼过程由于受剪切力作用形成纤维状结构,分散于基体中,组成复合材料。由于在复合材料中起增强作用的液晶纤维是在共混过程原地形成的,所以称其为"原位复合材料"。自从 1987 年美国学者 Kiss[35] 首先提出了"原位(就地)复合材料"(in-situ composite)的概念以来,这类 TP/TLCP 共混物的新型材料由于其易于加工和原位增强的优越性吸引了大批学者从事此领域的研究[33,36,37]。但已研究的原位复合材料体系中 TLCP 增强的效果往往不够显著,加上 TLCP 的价格及最终材料或多或少的各向异性问题未能很好解决,未能达到"TLCP 少量加入,材料性能明显提高"的预期效果。但大量的研究深化了我们对原位复合材料的理解，得到了很多重要的规律性的认识。

2）原位复合材料的特点

增强效果好 Kiss[35]用聚酯酰胺液晶聚合物和耐热性树脂聚醚砜进行共混，发现所得共混物的模量比 PES 提高五倍，强度提高两倍。这说明 LCP 在体系中起了增强作用。其原因是 LCP 共混过程就地形成了微纤结构，就像一般复合材料中加入了玻璃纤维产生增强效果一样。而且由于这种微纤直径细、比表面大，和基体的接触面大，因而比一般纤维的增强效果更好。

制备工艺简单 工业上制备 LCP 合金多采用熔融共混法。将热致性液晶和热塑性塑料在一般的塑料设备上进行混炼、成型，通过挤出、注射就地形成微纤。生产工艺和一般塑料的成型工艺一样，而比玻纤增强复合材料的制造工艺简单很多。从开发新的加工方法角度考虑，采用一种类似于热固性复合材料加工中的预浸、成型的方法，将含 TLCP 的共混物预先挤出成片、条或进一步拉伸成纤，此时，TLCP 已原位成纤；然后，在低于 TLCP 熔点而高于基体 TP 树脂熔点的温度下，进行二次加工，TLCP 微纤在材料中得以保持，同时还改善了一步法加工的原位复合材料存在的各向异性问题。

3）LCP/TP 微纤的形成机理

在静止的熔体中，LCP 呈现局部的有序微区结构，一旦受到外加场的作用，微区之间即能发生相互滑移，同时，液晶大分子的刚性特征又使其在应力作用下容易取向。当 LCP 与热塑性各向同性高聚物熔体共混时，在一定的条件下，可使共混物体系黏度下降，并在熔体中产生微纤结构，形成一定的分布。共混体系中 LCP 能否形成较好的微纤结构，对复合材料的增强效果至关重要。但是，并非所有共混物中的 LCP 组分，都能形成微纤结构，这与 LCP 的分子结构、共混比以及成型条件等因素有关[20]。例如，在由 PHB 与 PET 熔融共聚而得到的液晶聚合物 PHB/PET 与 Nylon66（尼龙 66）的共混体系，PHB/PET 液晶共聚物含量较低时，主要以球粒状分布于尼龙基体中；当液晶含量超过 20%（质量分数）时，受外力作用可形成纤维状结构；含量进一步增加，成型过程形成的微纤相应增多。不同结构的液晶聚合物形成微纤的能力不同，例如，含更具刚性的联苯结构比含苯酯苯结构的液晶分子微纤化倾向大。另外，LCP 的相对分子质量对微纤化也有影响，相对分子质量越高越有利于形成微纤结构。

微纤形成不仅与共混物本身的性质和组成有关，还受加工过程熔体流动方式的影响。在加工过程中熔体受到的剪切力和剪切速率越大，越有利于形成微纤。成型过程中，熔体内外流动形式不同，会产生不均匀的皮芯结构，皮层富微纤，芯层富颗粒。有时又呈相反现象。因此，这类 LCP 共混物加工成型时，要寻找最有利于微纤化的加工条件，才能获得最佳的增强效果。

4) LCP/TP 微纤的性能

流变特性　因为 LCP 特殊的结构和流动行为,在与基体聚合物共混后,流动行为发生很大的变化。其变化的情况不仅与 LCP 的分子结构、相对分子质量、含量有关,而且受加工温度、剪切力、剪切速率的影响。随着液晶组分含量的增加黏度逐渐降低,这里液晶组分起着加工助剂的作用,可使挤出、注射的工艺条件大大改善,降低成型加工的温度。

力学性能　如前所述,由于 LCP 微纤的增强作用,含液晶组分的聚合物合金的模量和强度均明显提高,尤其熔融共混在较高剪切速率的条件下,微纤结构容易形成,增强效果明显。不同体系的增强结果并不一致,对 TLCP/PEEK 体系的研究发现,含量较低时,TLCP 能形成微纤起增强作用,而含量高时 TLCP 转变成连续相,PEEK 形成微纤。而对另外一些体系,液晶组分对强度的影响又会呈现不同规律。

商品化热致液晶 Xydar 具有极高的抗拉强度,可在－5～240 ℃下长期使用,耐化学腐蚀性尤佳,在 20%(质量分数)硫酸溶液中处理一个月,仍保持 100%的抗拉强度,并具有优良的阻燃性、电性能和自润滑特点。Xydar 可用作挤出板材、挤出复合材料和注射电器零件等,在飞机、电子汽车行业中有广泛的应用。Vectra 是一种高熔点(300 ℃)的新型商品化液晶聚合物,具有较低的膨胀系数和模塑收缩率。这种 TLCP 和填料、玻璃纤维、碳纤维共混可制成复合材料,与工程塑料共混可制成 TLCP 合金,改性后的 Vectra 耐化学性、水解稳定性、耐候性、阻燃性等都很优异,力学性能也得到很大提高。

增容性能　由于 TLCP 与大多数热塑性树脂不相容,导致共混体系中组分间的界面作用较弱,所以共混体系的最终力学性能通常不能达到根据混合律所预期的指标。目前更多的学者从改善基体树脂与增强相 TLCP 微纤的界面黏结力入手,即采用增容的办法,提高 TLCP 与基体树脂的界面相容性,从而提高材料的力学性能。归纳近期国内外文献,增容技术主要是:在分散相液晶分子链上引入和 TP 基体相同或相似的结构单元,如功能材料液晶化;引入具有增容作用的第三组分,如功能化聚合物、离聚物、嵌段共聚物和接枝共聚物。

Li 等[38]通过熔融共混制备了 LCP/PBT 共混物。使用的 LCP 是含对氨基苯甲酸(ABA)30%(摩尔分数)和聚对苯二甲酸乙二醇酯(PET)70%(摩尔分数)的聚酯酰胺。结果表明:ABA/PET 的 LCP 在融化状态下与 PBT 是相容的,在固体状态它们是部分相容的;引入的 LCP 减缓 PBT 的结晶速率;但 LCP 分散相起球晶的成核剂作用,提高了 PBT 的结晶度;随机取向的 LCP 微纤分散在 PBT 基体中,在模压过程中沿着流动方向取向,微纤形成的结果是储能模量增加;LCP/PBT 混合物的熔融黏度比纯 PBT 的熔体黏度低很多。XRD 证明 PBT 结构不随

LCP的加入而发生变化,但几个衍射面的晶体尺寸发生明显改变。Yongsok[39]的研究表明,TLCP聚酯酰胺的原纤结构能在热塑性基体尼龙66的剪切流动区域生长。加一个既和基体聚合物(尼龙66)又和热致液晶聚合物相互作用的功能化聚丙烯(聚丙烯接枝马来酸酐)作为第三组分,有利于TLCP结构的生成。它起到了增容剂的作用,产生好的界面黏着力,减少分散相尺寸,即使在基体的熔体黏度比液晶聚合物的熔体黏度低很多的情况下,也能使微细分散的液晶聚合物在没有强的拉伸剪切流动下就产生畸变。添加适量的聚丙烯接枝马来酸酐,可明显提高三元共混物的力学性能。这归因于马来酸酐接枝聚丙烯的添加诱导了微纤的产生。界面处黏着力增加导致三元混合物获得更好的伸长率。

6.2 含液晶离聚物的共混体系

普通液晶聚合物改性的热塑性塑料,往往是两相界面黏接不好,再加上液晶聚合物很强的各向异性,所得共混物的横向力学性能较差。特别是极性和非极性聚合物共混时,这种现象尤为明显。而液晶离聚物既能保持普通离聚物对共混体系的增容作用,又能赋予共混体系低的熔体黏度和成型品的高取向性,实现原位成纤增强。这主要归因于离子基团的引入使分子间存在非离子键合作用。同时,体系中还存在离子聚集体,使它们具有独特的增容效果。液晶离聚物以其独特的结构和优异的性能,将在聚合物共混体系的改性方面发挥双重作用。

6.2.1 含羧基的液晶离聚物共混体系

我们研究了含羧基的液晶离聚物的共混体系[40~42],探讨了通过各种类型的非共价键,形成具有互穿网络结构的共混物。聚合物和其形成的非共价键类型包括:①聚苯甲酸酯液晶共聚物,通过分子间二聚体形成氢键的十字的连接;②含钠盐基的液晶聚苯甲酸酯离聚物,通过离子聚集体形成十字形连接;③用聚苯乙烯微区作十字形,连接有网络结构的苯乙烯-丁二烯-苯乙烯三嵌段共聚物。结果表明,既有氢键/离子聚集体,又有氢键/三嵌段共聚物结合的有网络结构的两组分共混物,与能够通过非共价的十字形连接,形成网络结构的共混物组分间有比较好的相容性。两种液晶聚合物的共混物微区尺寸的减少,证实了相容性的改善。

1. 含羧酸的主链液晶聚合物共混体系

用一种含羧酸的主链液晶聚合物[43](MLCI-C分子)与PBT和PP的熔融共混,用DSC研究了该三元共混体系的转变行为。

MLCI-C 的分子式为

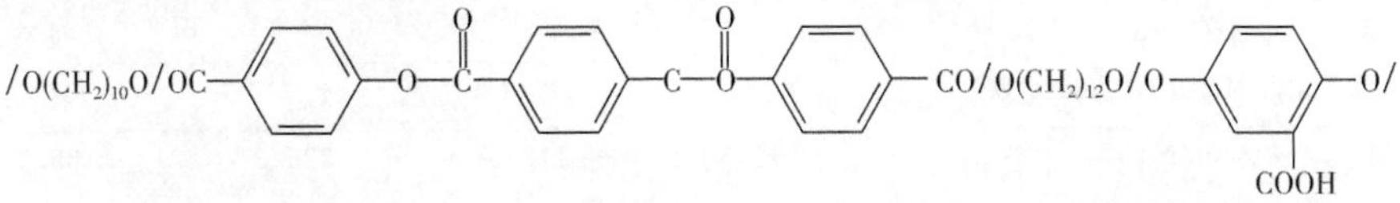

图 6-1 为 PBT/PP/MLCI-C 共混物的 DSC 升温曲线。由于在共混体系中加入的液晶离聚物的含量较少,在 DSC 的升降温曲线上均未观察到液晶离聚物的熔融温度和清亮点转变温度,只有 PP 和 PBT 的熔融温度。从共混体系的升降温曲线上测得的熔融温度和结晶温度列于表 6-1 中。由图可见,当 PBT/PP 的体系中加入含有羧基的主链液晶聚合物时,两组分的转变温度在升、降温的情况下呈现出了不同的变化。液晶离聚物的加入,使 PBT 和 PP 的熔融温度均有所升高;液晶离聚物对 PBT 和 PP(降温)结晶行为的影响则不尽相同,液晶离聚物的存在使 PP 的结晶温度略有升高,但升高幅度基本不受液晶离聚物含量的影响;与之相反,PBT 的结晶温度则因液晶离聚物的存在而降低,当离聚物含量为 15%(质量分数)时,降低了 9.9 ℃。这说明液晶离聚物对 PP、PBT 两组分结晶行为的影响不同。液晶离聚物对 PP 具有成核作用,促进了 PP 结晶,使其(降温)结晶温度和熔融温度升高。而离聚物中的羧酸离子的氢与 PBT 的氧形成氢键,降低了 PBT 链段的活动能力,使其结晶困难,(降温)结晶峰向低温移动。由 DSC 降温曲线可以看到,曲线中观察到的是两种 PP 与 PBT 的结晶峰相互靠近,证实了 MLCI-C 的加入起到了增容的作用。这是因为 MLCI-C 链中的酯基和羧酸离子与 PBT 的酯基作用形成氢键,增加了 PBT 与 MLCI-C 的界面黏结力,而 MLCI-C 链中的烷基与 PP 有一定的相容性。MLCI 作为界面黏结介质存在于 PBT 和 PP 的界面,起到了增容的作用。

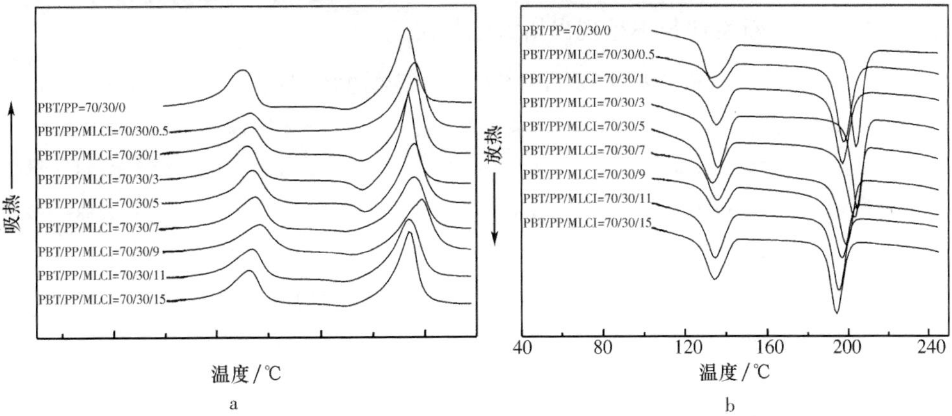

图 6-1　PBT/PP/MLCI-C 共混物的 DSC 曲线

a. 升温曲线;b. 降温曲线

表 6-1　PBT/PP/MLCI-C 共混物的热力学性质

样　品	PP		PBT	
PBT/PP/MLCI-C(质量分数)	T_m/℃	T_c/℃	T_m/℃	T_c/℃
70/30/0	162.5	118.5	225.3	189.5
70/30/0.5	165.3	121.4	228.4	183.3
70/30/1	165.6	121.1	228.5	182.7
70/30/3	164.3	121.8	225.8	190.1
70/30/5	166.0	119.0	228.5	188.7
70/30/7	167.1	121.5	228.0	184.7
70/30/9	168.9	121.6	230.9	182.5
70/30/11	165.9	120.3	226.2	180.9
70/30/15	164.7	120.1	226.5	179.6

注：T_m是熔融温度，T_c是结晶温度。

PBT/PP/MLCI-C 共混物的力学性能列于表 6-2，其中拉伸强度和断裂伸长率随液晶离聚物的含量的变化见图 6-2。由图 6-2a 可以看到，液晶离聚物的加入使得 PBT/PP 共混物的拉伸强度增加，在液晶离聚物的含量为 7.0%～9.0%(质量分数)左右达到最大值，之后随着液晶离聚物含量的增加，略有下降。这是液晶离聚物的液晶基元取向有序带来的增强作用，和液晶聚合物增强作用是一致的。同时由于分子中又具有羧基离子基团的极性作用，使得液晶基元的有序排列受到一定的干扰，也就是说，液晶离聚物的增强和增容作用同时发挥作用。从图 6-2b 可以看到，液晶离聚物的加入，共混物的断裂伸长率增加。初期增加较快，液晶离聚物含量超过 3%(质量分数)以后，增速变缓。柔性主链和间隔基的存在都增加了材料的柔性使得断裂伸长率呈现出增大趋势。

表 6-2　PBT/PP/MLCI-C 共混物的力学性能

样　　品	MLCI-C(质量分数)/%	拉伸强度/MPa	断裂伸长率/%
PBT/PP/MLCI-C- 70/30/0.5	0.5	16.8	1.98
PBT/PP/MLCI-C- 70/30/1	1.0	17.4	2.68
PBT/PP/MLCI-C- 70/30/3	3.0	19.5	2.95
PBT/PP/MLCI-C- 70/30/5	5.0	20.6	3.08
PBT/PP/MLCI-C- 70/30/7	7.0	21.6	3.54
PBT/PP/MLCI-C- 70/30/9	9.0	21.8	3.68
PBT/PP/ MLCI-C- 70/30/11	11.0	20.4	3.59
PBT/PP/MLCI-C- 70/30/15	15.0	19.8	3.63

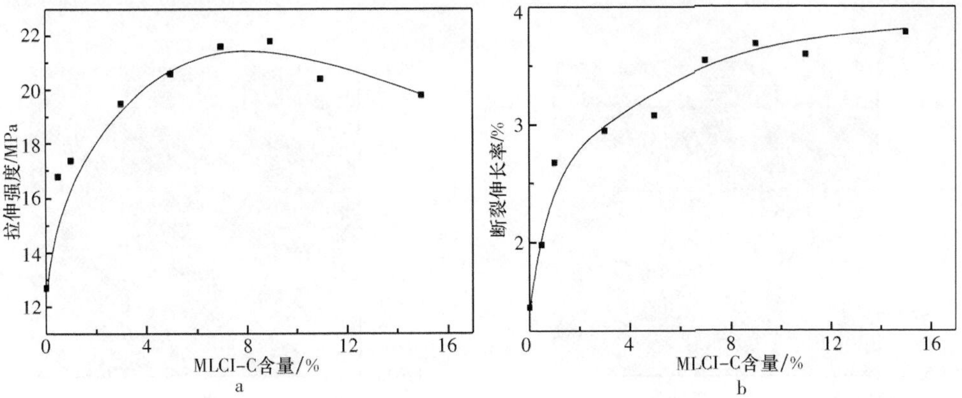

图 6-2　PBT/PP/MLCI-C 共混物的力学性能随 MLCI-C 含量变化的曲线

a. 断裂伸长率；b. 拉伸强度

我们运用了三维红外图像系统对共混物的形态结构进行分析，它的实验原理是：对于一个由几种物质（聚合物）组成的混合体系而言，每一组分都有其对应的特征吸收峰，只要知道其标准红外谱图，即可用 Compare Correlation 图像模式显示混合物中最接近参比红外谱图的区域，得到三维红外图像。红外图像系统与扫描电子显微镜和透射电子显微镜都可以直观地观察到共混体系中各个组分的分布，但红外图像系统可以给出不同分布组分的红外谱图，为研究提供了方便。

图 6-3 显示了 PBT/PP/MLCI-C 共混物系列谱图的图层。在图像中，蓝色代表连续相 PBT，绿色代表分散相 PP，红色代表 MLCI-C。由图可见，当 MLCI-C 含量较少（<3%，质量分数）时，分散相 PP 的相区尺寸较大，MLCI-C 也杂乱的分散于 PBT 基体中。当 MLCI-C 含量为 5%（质量分数）时，PP 的尺寸减小，MLCI-C 相介于 PP 和 PBT 两相之间，起到了界面黏结作用，改善了二者的相容性，这与热力学性能的结果相一致。当 MLCI-C 含量较大时（>11%，质量分数），由于 MLCI-C 中的离子出现了离子团聚，增容效果降低，所以分散相 PP 也出现了大量的聚集，分散效果变差。

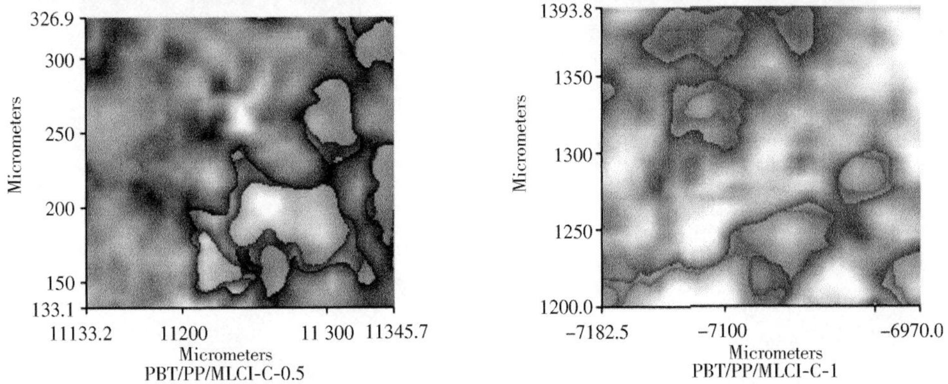

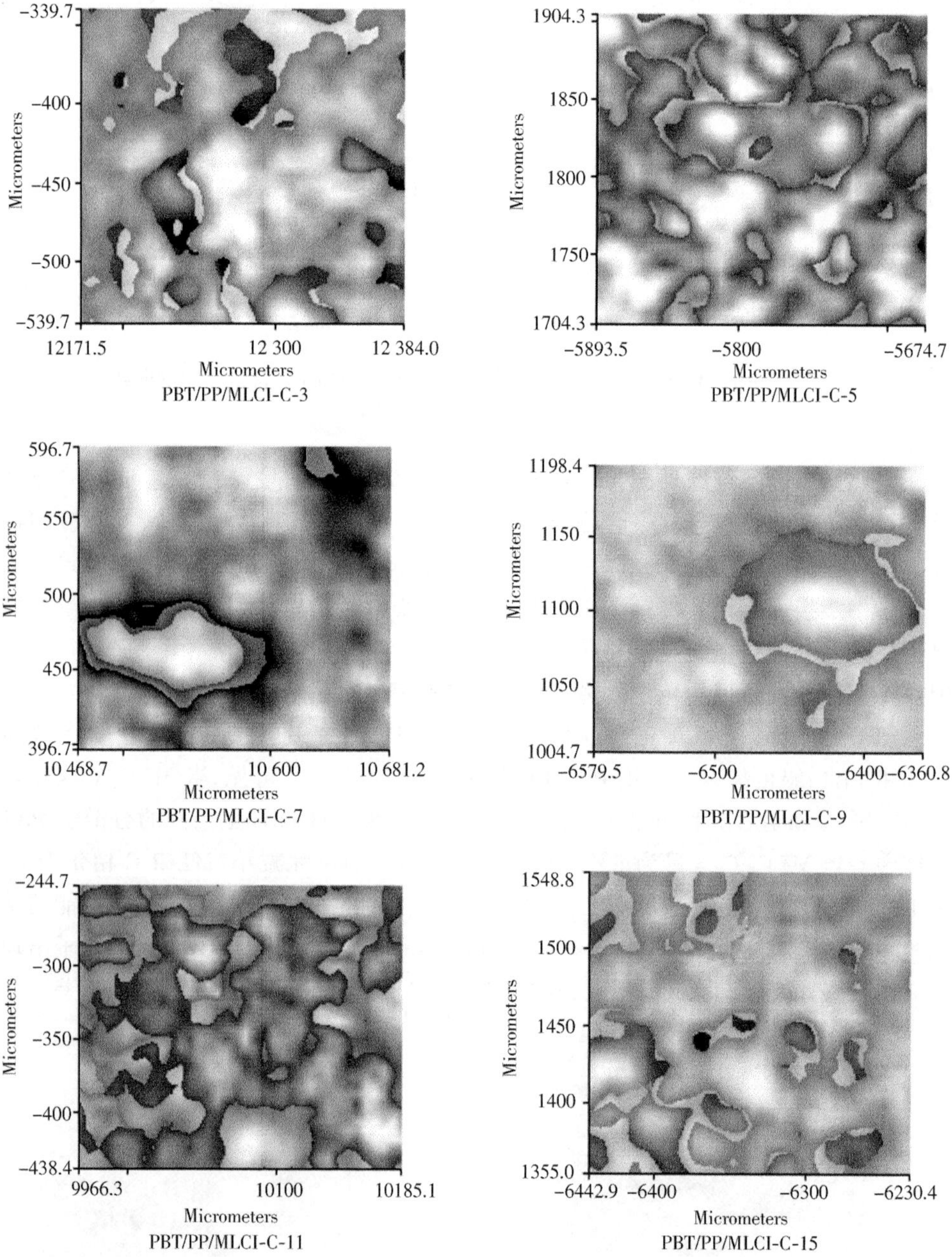

图 6-3　PBT/PP/MLCI-C 共混物系列谱图的图层(彩图 2)

2. 含有羧基的侧链液晶离聚物共混体系

将含有羧基的侧链液晶离聚物 SLCI-C[44] 与 PBT 和 PP 熔融共混，用 DSC 法研究了共混体系的结晶与熔融行为。SLCI-C 的分子式为

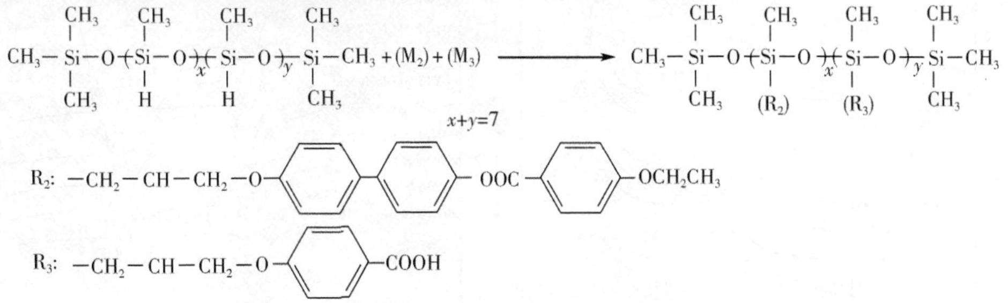

共混体系的组成和热力学性质列于表 6-3 中。图 6-4 为 PBT/PP/SLCI-C 共混物的 DSC 曲线。图 6-4 和表 6-3 表明了含羧基的侧链液晶离聚物对共混物中 PBT 和 PP 的结晶和熔融行为的影响与主链液晶离聚物的影响相似。液晶离聚物的存在，使 PP 的结晶和熔融温度升高，PBT 的结晶温度降低，而熔融温度则基本不变。其原因在主链离聚物一节已进行了讨论，这里不再赘述。

表 6-3　PBT/PP/SLCI-C 共混物的热力学性质

样　品	PP		PBT	
PBT/PP/SLCI-C(质量分数)	T_m/℃	T_c/℃	T_m/℃	T_c/℃
70/30/0	162.5	118.5	225.3	189.5
70/30/0.5	161.7	123.9	225.4	183.4
70/30/1	165.2	120.1	227	180
70/30/3	164.6	120.5	224.8	179.2
70/30/5	164.6	119.6	226.2	178.7
70/30/7	166.9	118.1	228	177.1
70/30/9	163.5	119.5	223.4	176.6
70/30/11	167.2	117.6	227.8	174.2
70/30/15	165.2	120.3	226.9	179.9

注：T_m是熔融温度，T_c是结晶温度。

图 6-5 给出了 PBT/PP/SLCI-C 共混体系的力学性能与 SLCI-C 含量的关系。由图 6-5a 可见，与主链液晶聚合物相似，PBT/PP 的共混体系中加入侧链液晶离聚物后，共混物的力学性能也发生了显著变化。液晶离聚物的加入使得 PBT/PP 共混物的拉伸强度快速增加，在液晶离聚物的含量 3.0%(质量分数)左右达到最大值。比较图 6-2 和图 6-5 可见，尽管加入 MLCI-C 和 SLCI-C 均可使 PBT/PP 共混体系的拉伸强度大幅度提高，且所达到的最大拉伸强度相近，但达到最大拉伸强度所需液晶离聚物的用量不同，在 PBT/PP/MLCI-C 共混体系中，达到拉伸强度达极大值时 MLCI-C

用量为 7.0%～9.0%(质量分数),在 PBT/PP/SLCI-C 共混体系中仅需 3%(质量分数)左右。其结果说明,含羧酸离子的侧链液晶离聚物较主链液晶离聚物对 PBT/PP 体系有更好的增容作用。共混物的三维红外图像系列谱图支持这一结论。

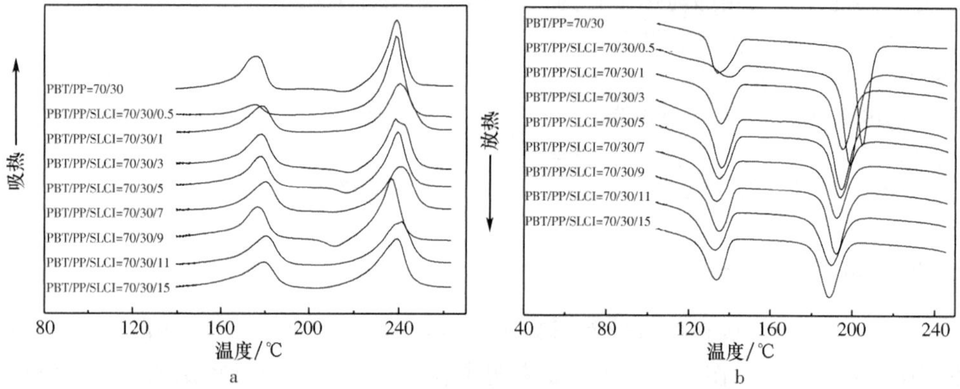

图 6-4　PBT/PP/SLCI-C 共混物的热力学性能曲线

a. 升温曲线;b. 降温曲线

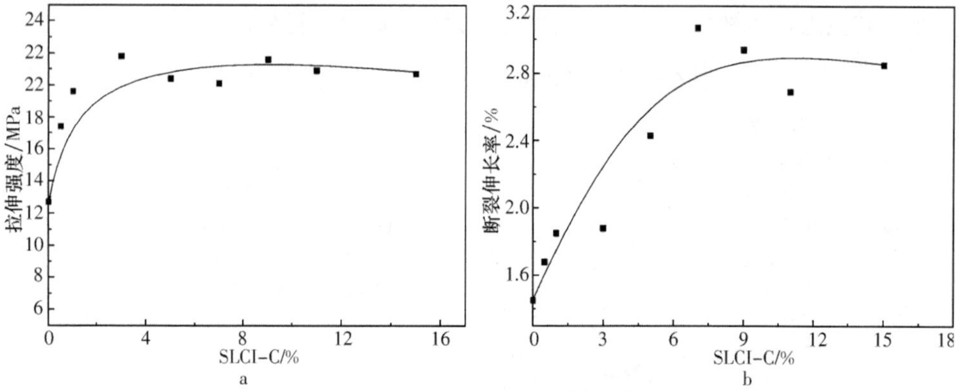

图 6-5　PBT/PP/SLCI-C 共混物的力学性能随 SLCI-C 含量变化的曲线

a. 拉伸强度;b. 断裂伸长率

图 6-6 显示了 PBT/PP/SLCI-C 共混物系列谱图的图层。在图像中,蓝色代表连续相 PBT,绿色代表分散相 PP,红色代表 SLCI-C。由图可见,当 SLCI-C 含量较少(<3%,质量分数)时,分散相 PP 的相区尺寸较大,SLCI-C 也杂乱地分散于 PBT 基体中。当 SLCI-C 含量为 5%(质量分数)时,PP 的尺寸减小,SLCI-C 相介于 PP 和 PBT 两相之间,起到了界面黏结的作用,改善了二者的相容性,这与热力学性能分析中总结的结论稍有偏差。当 SLCI-C 含量较大时(>11%,质量分数),由于 SLCI-C 中的离子出现了离子团聚,增容效果降低,所以分散相 PP 也出现了大量的聚集,分散效果变差。共混物的三维红外图像系列谱图表明,在 PBT/PP/

SLCI-C 共混体系中，SLCI-C 含量为 3%（质量分数）时，PP 相已基本被液晶离聚物包裹，而对于 PBT/PP/MLCI-C 共混体系则需 7%（质量分数）左右（图 6-3）。

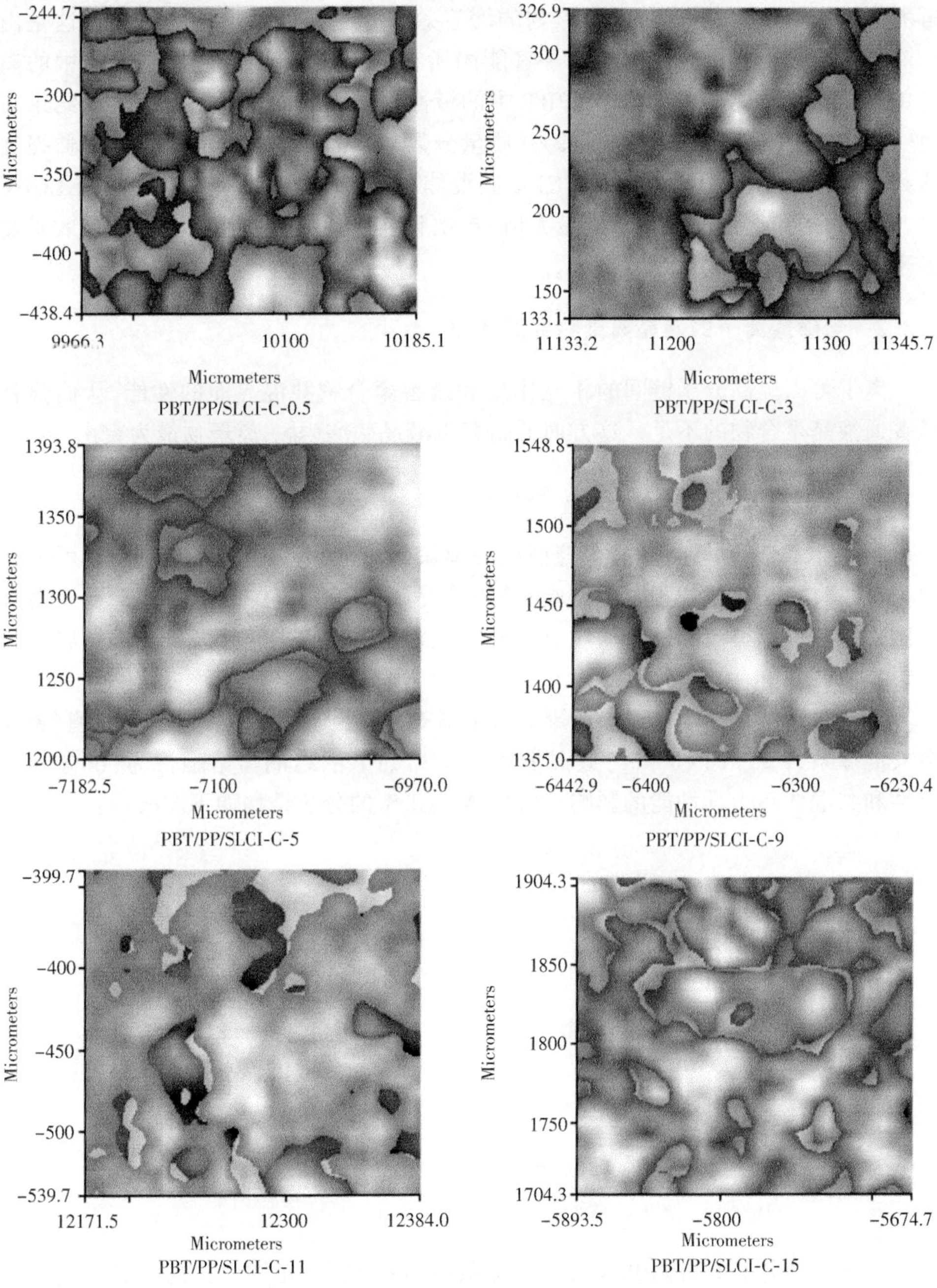

图 6-6　PBT/PP/SLCI-C 系列红外谱图的图层显示（彩图 3）

通过对共混体系热力学性质、力学性能、形态结构进行分析，比较了主链和侧链液晶离聚物在共混体系中的作用，可以认为，当在 PBT/PP 共混物中加入相同含量的液晶离聚物时，侧链液晶离聚物的增容效果比主链液晶离聚物明显。这是由于液晶离聚物中起增容作用的离子官能团所在位置不同，侧链液晶离聚物中的离子单体的链尺寸更长，更易于与 PBT 中的极性官能团形成氢键。力学测试结果表明：在 PBT/PP/MLCI-C 中加入 9%（质量分数）的 MLCI-C 时，共混物的拉伸强度达到最大值；而对于 PBT/PP/SLCI-C 共混体系，当加入 3%（质量分数）的 SLCI-C 时，共混物的拉伸强度就已达到最大值，再次证实了 SLCI-C 离聚物的增容效果要优于 MLCI-C 离聚物的增容效果。

6.2.2 含磺酸离子的液晶离聚物共混体系

离子可以提高分子链间的相互作用和改善聚合物共混界面的性能，从而弥补了普通液晶聚合物的不足。这方面的研究以液晶磺酸（盐）离聚物最为突出。

1. 含磺酸主链型液晶离聚物共混体系

在第 2 章介绍过，含磺酸主链型液晶离聚物根据磺酸基在主链的位置可分为两类。一类是磺酸基位于主链链端，另一类是磺酸基悬挂在主链侧基。下面通过实例来说明这两类液晶聚合物对 PBT/PP 共混体系的增容作用及结晶与熔融行为的影响。

磺酸基在链端的主链液晶离聚物 $MLCI\text{-}S_1$[45~51] 与聚对苯二酸丁二醇酯/聚丙烯共混体系，PBT/PP(50/50)共混体系中 PBT、PP 的结晶与熔融行为、组分间相容性和共混体系力学性能的影响。所用 $MLCI\text{-}S_1$ 的分子结构如下图所示：

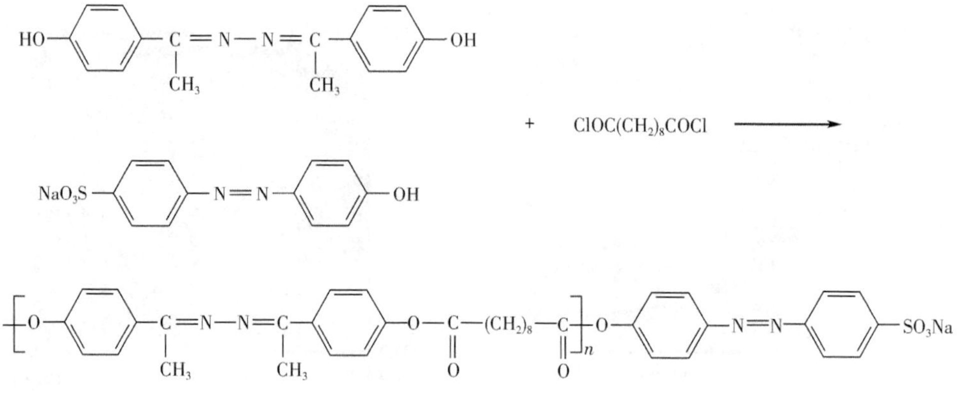

图 6-7 给出了 $PBT/PP/MLCI\text{-}S_1$ 体系的 DSC 曲线，由图得到的结晶温度和熔融温度列于表 6-4。由图 6-7 中 DSC 升温曲线可以看到，PBT 有两个熔融峰。表

6-4 的数据表明，MLCI-S_1 的存在导致 PBT 的结晶温度和熔融温度降低，随 MLCI-S_1 含量增加，峰值向低温移动，熔融双峰间温度差增大；MLCI-S_1 的存在，对 PP 的熔融温度和结晶温度无显著影响。上述结果表明，MLCI-S_1 中的磺酸基对 PBT 有较强的相互作用，限制了其链段运动，使其结晶困难，随 MLCI-S_1 含量增加，结晶温度向低温移动；同样，由于链段运动受到限制，随 MLCI-S_1 增加，结晶完善程度降低，晶片厚度变薄，熔融峰向低温移动，低温熔融峰和高温熔融峰温度间隔变大。

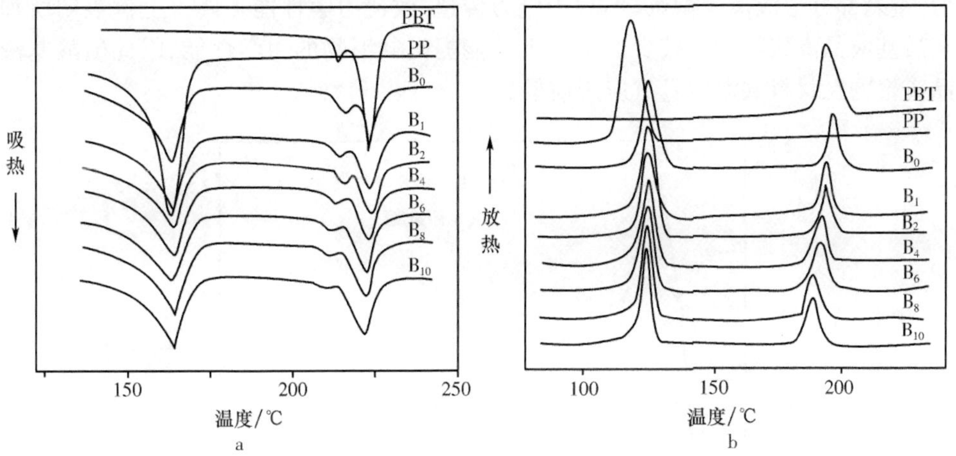

图 6-7　PBT/PP/MLCI-S_1 共混物的 DSC 曲线

a. 升温曲线；b. 降温曲线

表 6-4　PBT/PP/MLCI-S_1 共混物的 DSC 数据

样　品 PBT/PP/MLCI-S_1/%	T_m/℃		T_c/℃	
	PP	PBT	PP	PBT
PBT 100/0/0		214.1,223.6		191.4
PP 0/100/0	163.0		114.0	
B_0 50/50/0	163.2	215.2,224.0	121.9	193.7
B_1 49.5/49.5/1.0	163.5	213.9,223.3	121.9	193.3
B_2 49.0/49.0/2.0	164.1	214.7,224.1	122.9	192.4
B_4 48.0/48.0/4.0	164.0	212.4,224.7	122.7	190.2
B_6 47.0/47.0/6.0	162.9	210.9,221.8	122.3	189.7
B_8 46.0/46.0/8.0	163.6	210.6,221.6	123.0	188.1
B_{10} 45.0/45.0/10.0	163.5	208.8,221.0	122.6	187.9

注：T_m是熔融温度，T_c是结晶温度。

图 6-8 给出了共混物的拉伸行为与液晶离聚物含量的关系。由图可见，拉伸强度和断裂伸长率随液晶离聚物含量增加，呈现先增加后下降的趋势，在液晶离聚物含量为 1%(质量分数)左右呈现极大值。一般认为，在二元不相容共混体系中，两组分的组分比相近时力学性能最差；而在此三元共混体系中，在所研究的组分比下，拉伸强度和断裂伸长率均有所提高，可以看出，MLCI-S_1 对 PBT/PP 有显著的增容作用。含量为 1%(质量分数)左右增容效果最佳。MLCI-S_1 在界面达到饱和后，过剩部分形成离子微区，不利于应力传递，致使力学性能下降。上例表明所加磺酸基液晶离聚物的量较少的情况下就能提高共混物的力学性能，因此磺酸基液晶离聚物在材料共混中具有应用前景。

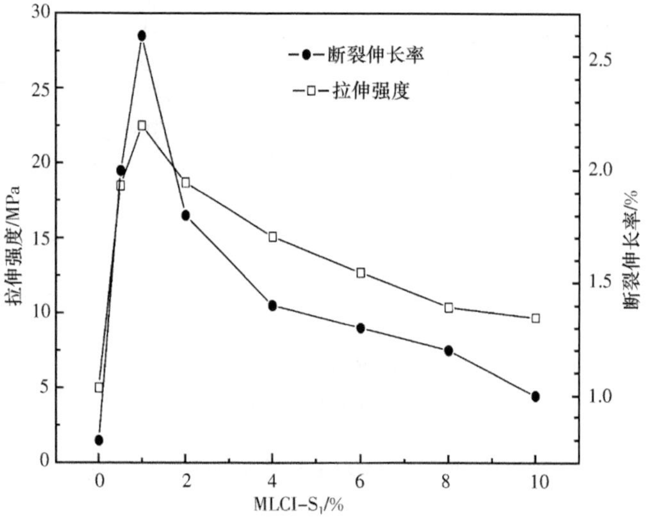

图 6-8 共混物的力学性能

下面讨论悬链带磺酸基的主链液晶磺酸离聚物 MLCI-S_2[52] 对 PBT/PP 共混体系热行为和相容性的影响，MLCI-S_2 的分子式如下：

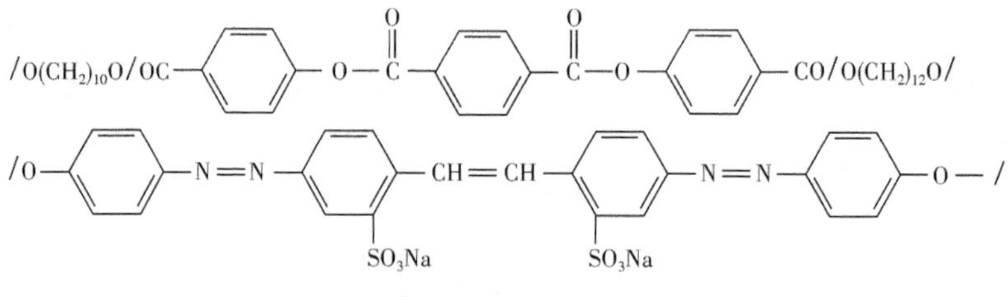

用 DSC 研究了三元共混体系的热行为，结果列于表 6-5。因液晶离聚物质量分数较少，且液晶相转变焓值很低，DSC 曲线中未观察到与其相关的转变峰。

由 PBT/PP 共混物的升温曲线得到 PBT 的 T_g 为 53.5 ℃，随着 MLCI-S_2 含量的增加，T_g 向低温移动。当 MLCI-S_2 的含量为 15%（质量分数）时，PBT 的 T_g 为 47.5 ℃，比 PBT/PP 二元共混物中的 PBT 的 T_g 值低 6 ℃。这是 MLCI-S_2 增容的结果。MLCI-S_2 对共混体系中 PBT 和 PP 组分的熔融温度及 PP 的结晶温度基本没有影响，在降温过程中 PBT 的结晶温度则随 MLCI-S_2 的增加而降低，尤其是离聚物含量相对较高时 PBT 的结晶温度降低的更为明显。这说明液晶离聚物与 PBT 间有强的相互作用，从而限制了 PBT 的链段运动，减慢了 PBT 的结晶的形成；而对 PP 的增容作用不明显。

表 6-5　PBT/PP/ MLCI-S_2 共混物的热力学性质

样品	T_g/℃	T_m（升温）/℃		T_c（降温）/℃	
（质量分数）/%	PBT	PP	PBT	PP	PBT
PBT/PP/MLCI-S_2-70-30-0	53.5	163.4	226.1	119.2	189.4
PBT/PP/MLCI-S_2-70-30-0.5	53.4	163	226.6	123.5	186.7
PBT/PP/MLCI-S_2-70-30-1	53.1	163.7	227.2	121	183
PBT/PP/MLCI-S_2-70-30-3	53.3	162.2	225.8	122.3	179.5
PBT/PP/MLCI-S_2-70-30-5	53.6	163.2	226.1	121.4	181.1
PBT/PP/MLCI-S_2-70-30-7	54.3	164.2	226.6	121	180.8
PBT/PP/MLCI-S_2-70-30-9	51.5	163.1	225.3	120.4	179.8
PBT/PP/MLCI-S_2-70-30-11	49.6	163.7	225.7	120.8	177.5
PBT/PP/MLCI-S_2-70-30-15	47.5	164	226.1	120.1	171

注：T_m 是熔融温度，T_c 是结晶温度。

PBT/PP/ MLCI-S_2 共混物的力学性能列于表 6-6。由表可见，液晶离聚物的加入使得 PBT/PP 共混物的拉伸强度快速增加，在液晶离聚物的含量达到 5.0%（质量分数）左右达到最高值 25 MPa，继而有较大幅度的下降，之后随着液晶离聚物含量的增加基本保持不变，其数值远高于二元共混物。和前面讨论的一样，液晶离聚物主要起增容作用，在含量为 5%左右时增容效果最好。共混体系的断裂伸长率随液晶离聚物含量的变化趋势与拉伸强度的一致。随着液晶离聚物的加入，断裂伸长率快速增加。同样是柔性的主链和液晶基元和主链之间的柔性间隔基，这些柔性主链和间隔基的存在都增加了材料的柔性，使得断裂伸长率呈现出增大趋势；然而当液晶离聚物含量较多时，强极性的磺酸基团的存在增加了组分之间的相互作用力，使得材料的刚性增加，断裂伸长率降低。

表 6-6　PBT/PP/ MLCI-S_2 共混物的力学性能

样品	MLCI-S_2(质量分数)/%	拉伸强度/MPa	断裂伸长率/%
PBT-PP-MLCI-S_2-70-30-0.5	0.5	14.9597	1.52
PBT-PP-MLCI-S_2-70-30-1	1	17.5530	2.03
PBT-PP-MLCI-S_2-70-30-3	3	21.5758	3.06
PBT-PP-MLCI-S_2-70-30-5	5	25.0700	3.94
PBT-PP-MLCI-S_2-70-30-7	7	19.3865	2.40
PBT-PP-MLCI-S_2-70-30-9	9	18.4300	2.81
PBT-PP-MLC-S_2-70-30-11	11	18.8100	2.17
PBT-PP-MLCI-S_2-70-30-15	15	18.0901	2.04

图 6-9 给出了共混物红外谱图的图层显示，在图像中，蓝色代表连续相 PBT，绿色代表分散相 PP，红色代表 MLCI。通过对共混物图层显示的分析发现，PP 的分布随 MLCI 的加入逐渐分散，粒径逐渐变小。直到 MLCI 含量为 5%(质量分数)的共混物的图像中 PP 粒径最小且分布均匀，MLCI 分布在 PBT 与 PP 之间起到增容的作用，PP 分散相均匀地分散在 PBT 连续相中。当含量高于 11%(质量分数)时，液晶离聚物中的离子自身发生团聚现象，图层中出现较大的 MLCI 相区，且 PP 粒径变大，分散效果变差。

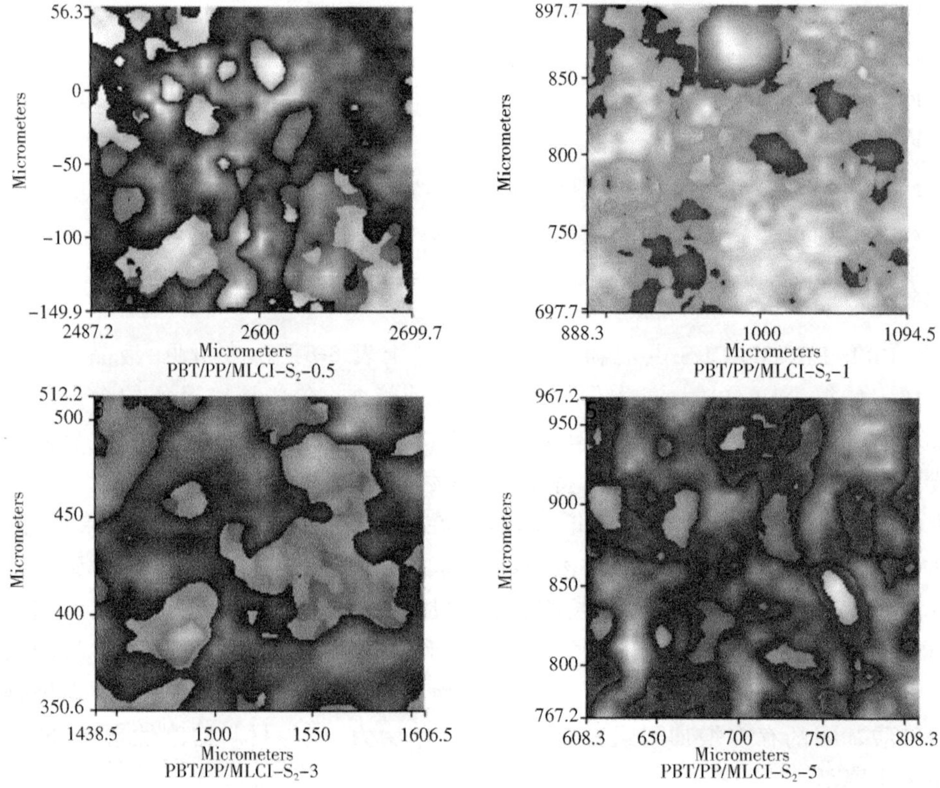

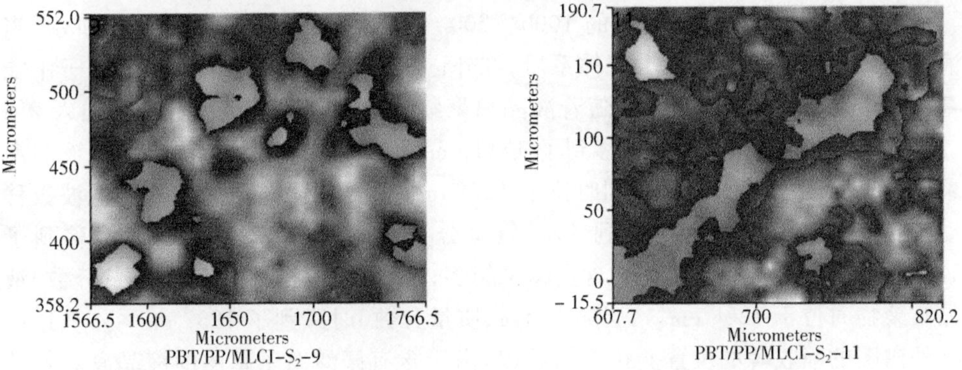

图 6-9　PBT/PP/ MLCI-S_2系列红外谱图的图层显示(彩图 4)

2. 含磺酸基的侧链液晶离聚物共混体系

我们制备了含磺酸基的侧链液晶离聚物(SLCI-S_1)[53]与尼龙 1010、聚丙烯三元共混物(PA1010/PP/ SLCI-S_1)共混物。研究了 PA1010/PP/SLCI-S_1 共混物的热性能和相容性。结果表明半结晶的(SLCI-S_1)的含量在 8%(质量分数)与 PA1010/PP 是部分相容的。还研究了另一种 SLCI-S_2[54]与 PBT/PP(80/20)的共混体系。两种液晶离聚物中离子单体相同,但液晶单体不同。下面以 SLCI-S_2 为例,阐述了液晶离聚物对共混体系性能的影响。SLCI-S_1 和 SLCI-S_2 的分子结构如下图所示:

SLCI-S_1

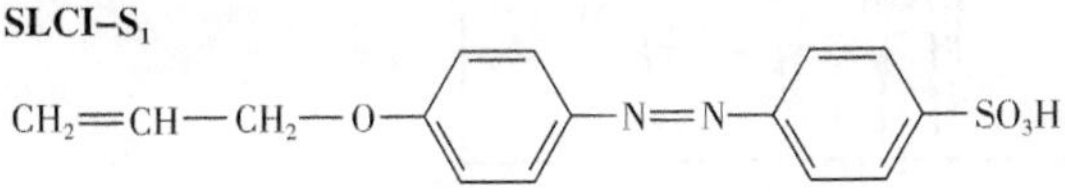
(Ⅰ)

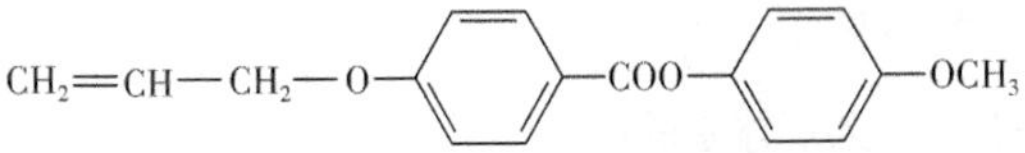
(Ⅱ)

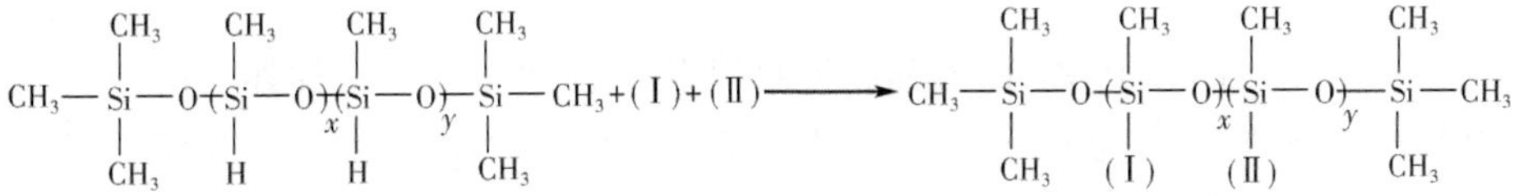

SLCI-S_2

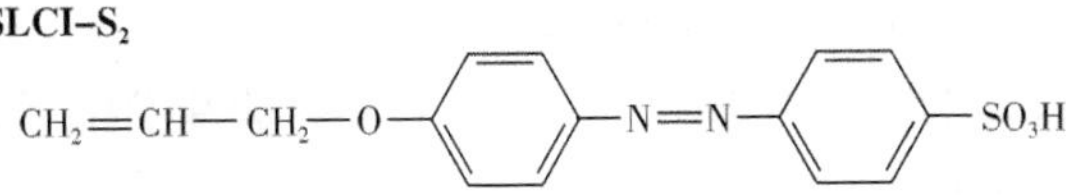
(Ⅰ)

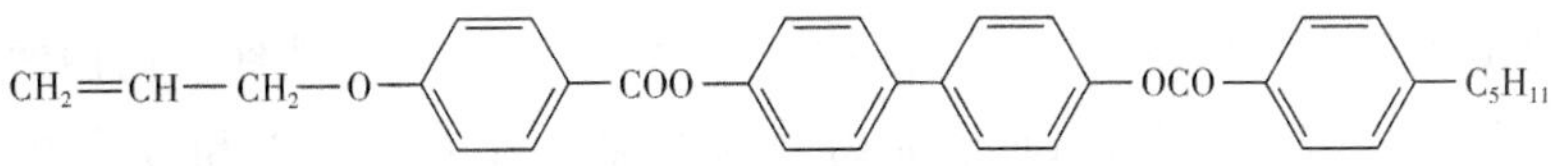
(Ⅱ)

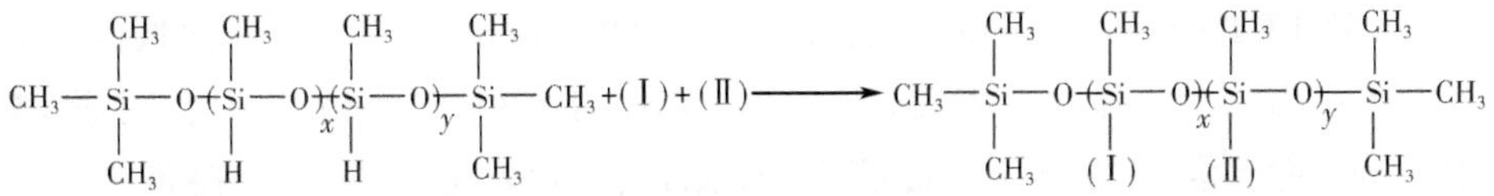

PBT/PP/SLCI-S_2 共混物的 1000～2000 cm^{-1} 的红外光谱如图 6-10 所示，当液晶离聚物加入 PP/PBT 共混体系后，红外谱图有了明显的变化。PBT 分子中酯基位于 1710 cm^{-1} 处的吸收峰随着液晶离聚物的加入移向了高波数。当加入 2%（质量分数）的液晶离聚物时，移到了 1711 cm^{-1}；当加入 6%（质量分数）的液晶离聚物时，移到了 1712 cm^{-1}。同时位于 1263 cm^{-1} 处的吸收峰的位置却向低波数移动。当液晶离聚物的含量达到 4%（质量分数），位于的 1263 cm^{-1} 的峰移到了 1261 cm^{-1}；随着液晶离聚物的含量越来越多，位置更低：当加入 6%（质量分数）液晶离聚物时位于 1258 cm^{-1}；当加入 8%（质量分数）时降到了 1257 cm^{-1}。从这些红外谱图的吸收峰的位置变化可以看出，由于含有磺酸离子基团的液晶离聚物的加入使得 PBT 分子中的酯基的吸收峰的位置明显变化，说明磺酸基团和酯基之间存在着某种相互作用，液晶离聚物和 PP/PBT 共混体系的增容作用主要来自于液晶离聚物分子中的磺酸离子和 PBT 分子中的极性羰基基团之间的氢键作用。

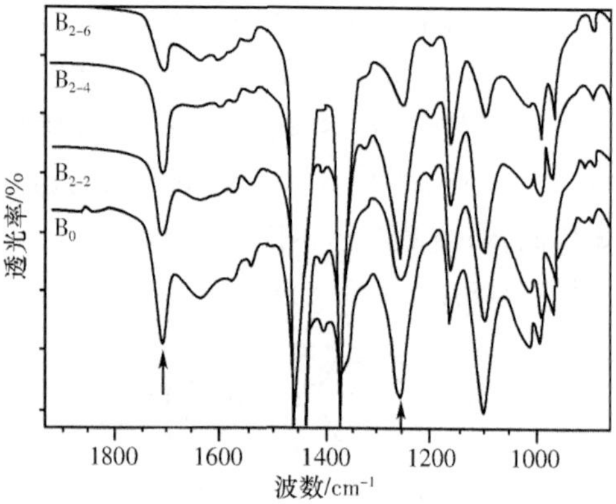

图 6-10　PP/PBT/SLCI-S_2 共混体系的红外谱图

图 6-11 给出了 PP/PBT，液晶离聚物以及二者加和得到的红外光谱图。加和的光谱图中 PP/PBT 为 94%（质量分数），SLCI 为 6%（质量分数）。从图中可以看到，PBT 中羰基的吸收峰分别从 1710 cm^{-1} 和 1263 cm^{-1} 移到了 1712 cm^{-1} 和 1258cm^{-1}，这些峰的移动说明液晶离聚物分子中磺酸基和 PBT 中的羰基发生了作用，使得酯羰基的吸收峰的位置产生偏移。

图 6-12 给出了 PBT/PP/SLCI-S_2 共混体系的 DSC 升温、降温曲线。由曲线得到的 T_m 和 T_c 列于表 6-7。可以看到，液晶离聚物的加入对 PP 的 T_m 和 T_c 影响不大，但导致 PBT 的 T_m 和 T_c 降低，随液晶离聚物含量增加，T_m 和 T_c 向低温移动。其中，T_c 变化尤为明显。这表明，由于 SLCI-S_2 与 PBT 有强相互作用，阻碍 PBT 链段运动，使结晶变得困难，结晶完善程度低，其宏观表现为 T_c 和 T_m 降低。

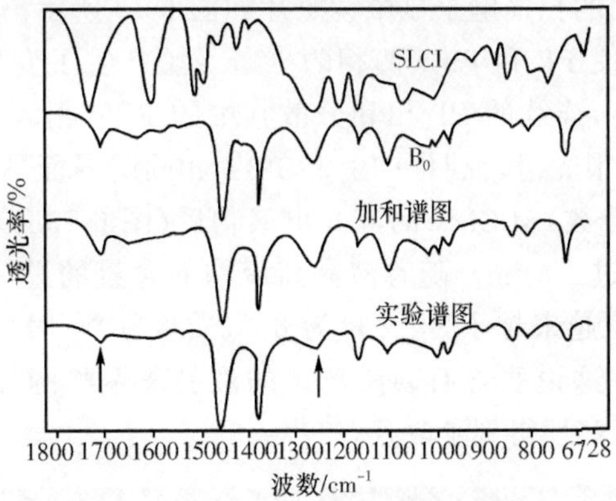

图 6-11　SLCI-S_2，B_0，$B_{2\sim6}$ 以及 B_0 和 SLCI-S_2 加和得到的合成光谱

表 6-7　PP/PBT/SLCI-S_2 共混物的热力学性质

样品	PP(质量分数)/%	PBT(质量分数)/%	SLCI-S_2(质量分数)/%	T_m(升温)/℃		T_c(降温)/℃	
				PP	PBT	PP	PBT
B_0	80.0	20.0	0.0	166.0	224.7	122.6	197.6
B_{2-1}	78.4	19.6	2.0	166.2	224.2	122.7	197.5
B_{2-2}	76.8	19.2	4.0	165.1	225.4	122.0	196.7
B_{2-3}	76.5	19.0	5.0	165.2	224.5	122.2	196.3
B_{2-4}	75.2	18.8	6.0	165.4	223.0	121.8	195.4
B_{2-5}	73.6	18.4	8.0	166.2	222.0	122.3	193.9
B_{2-6}	70.4	17.6	12.0	165.7	222.2	120.6	187.5

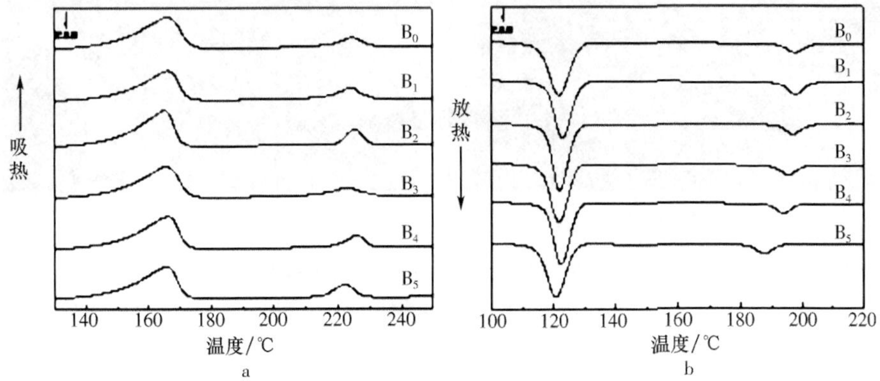

图 6-12　PBT/PP/SLCI-S_2 共混物的热力学曲线

a. 二次升温；b. 降温

共混物脆断断面的扫描电子显微镜照片如图 6-13 所示。从图可以看到，随着液晶离聚物的加入，使 PP 和 PBT 两相的分布开始产生了变化。图 6-13a 中可以看到明显的两相分布，连续的 PP 相和分散其中的 PBT 相区，PBT 的微相直径在 5～15 μm，微相界面很光滑，说明在 PP 和 PBT 相间的界面黏合差，两相是不相容的。加入 2%（质量分数）SLCI-S_2 的液晶离聚物后（图 6-13b），PBT 相的直径明显变小，最大直径不超过 10 μm。随着液晶离聚物的含量的进一步增多（图 6-13c），PBT 分散相的直径也越来越小，当含量为 8%（质量分数）时（图 6-13d），两相界面已经变得很模糊了。这说明含有磺酸离子的液晶离聚物的加入的确使不相容的 PP 相和 PBT 相的相容性得到了改善。

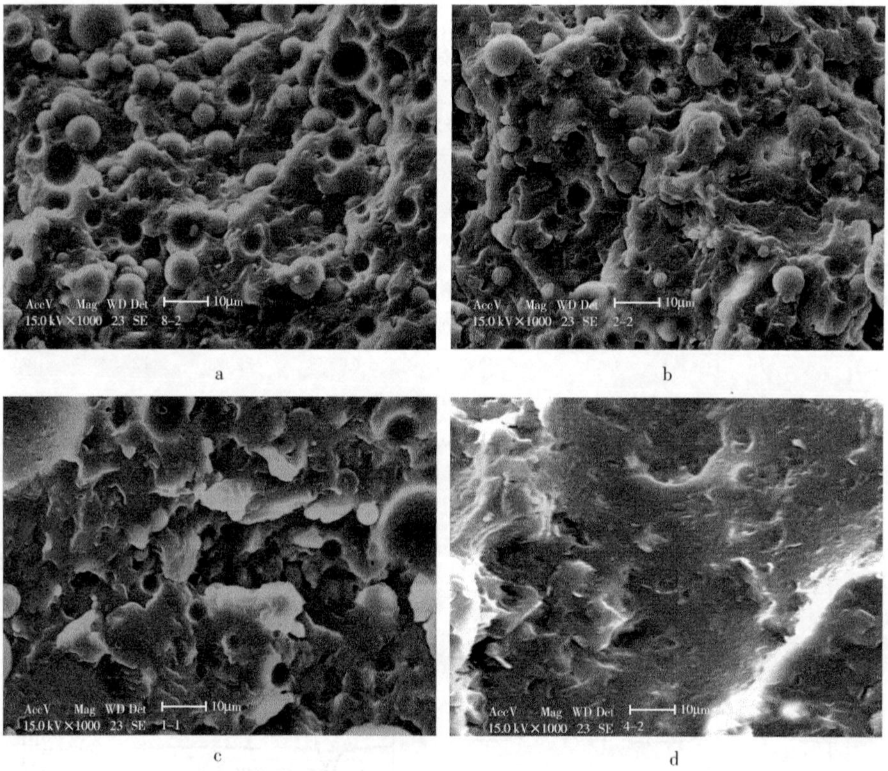

图 6-13　PBT/PP/SLCI-S_2 共混物的 SEM 照片

a. SLCI-S_2＝0%（质量分数）；b. SLCI-S_2＝2%（质量分数）；c. SLCI-S_2＝4%（质量分数）；d. SLCI-S_2＝8%（质量分数）

使用红外图像系统分析共混物的相区分布，并与 SEM 方法相比较。图 6-14 为 PBT/PP/SLCI-S_2 共混物的红外图层结构。其中，红色为 PP 相、绿色为 PBT

相、蓝色为 SLCI-S_2 相。由图 6-14a 可以看到，分散相 PBT 的相区尺寸较大，而且分散不均匀。当加入 2%(质量分数)的 SLCI-S_2 液晶离聚物后(图 6-14b)，PBT 的尺寸明显变小，随着 SLCI-S_2 含量的进一步增加，PBT 的相区直径也越来越小，而且 SLCI-S_2 包裹在 PBT 相的周围，两相界面也变得很模糊，这与 SEM 照片的结论相一致。说明了含有磺酸离子的液晶离聚物的确使 PBT 和 PP 的相容性得到了改善。红外图像系统更清楚地显示了 SLCI-S_2 组分在共混体系存在于 PBT 和 PP 之间，起到了增容的作用。

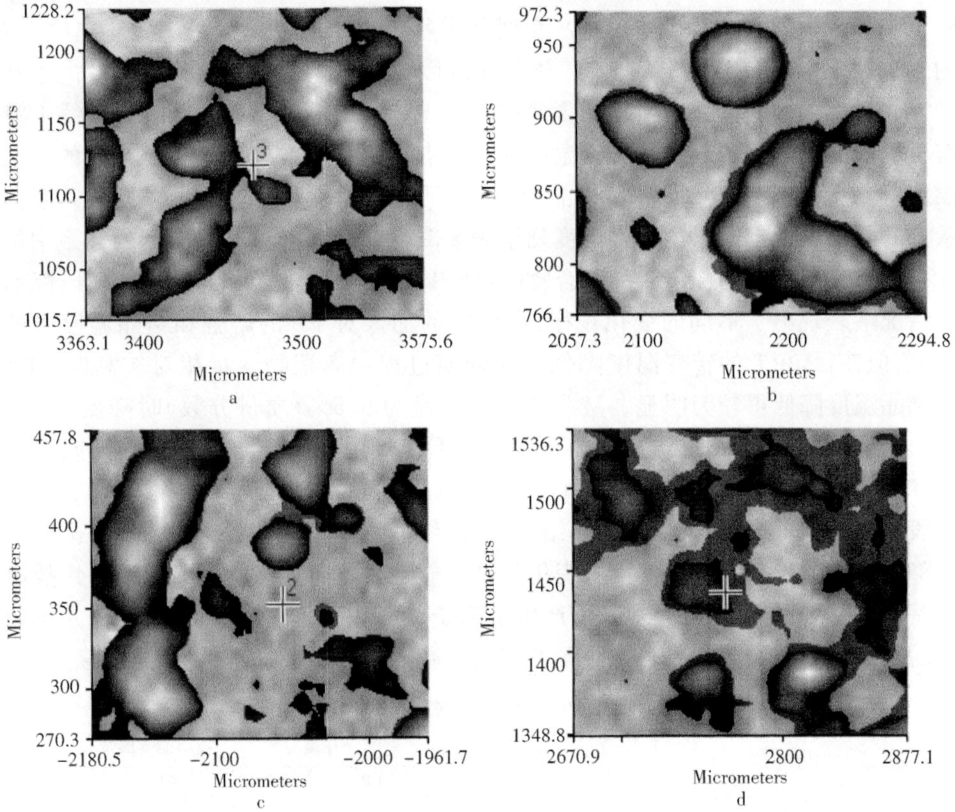

图 6-14　PP/PBT/SLCI-S_2 共混物红外谱图的图层显示(彩图 5)

a. SLCI-S_2＝0%(质量分数)；b. SLCI-S_2＝2%(质量分数)；

c. SLCI-S_2＝4%(质量分数)；d. SLCI-S_2＝8%(质量分数)

6.2.3　含季铵盐离子的液晶离聚物共混体系

采用含有季铵盐类的侧链液晶离聚物(PBT/PP/SLCI-N)[55]与 PBT 和 PP 进行了熔融共混。该离聚物的分子式为

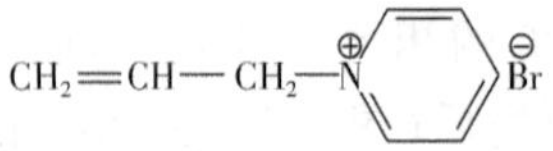
(Ⅰ)

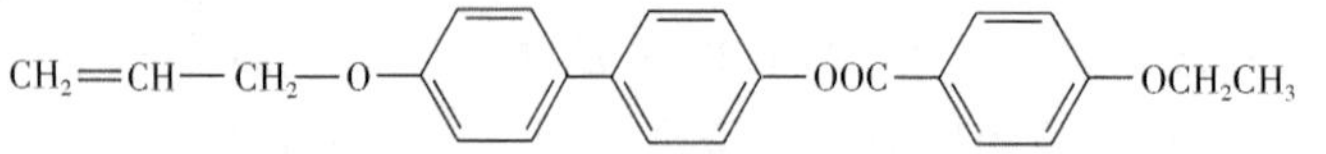
(Ⅱ)

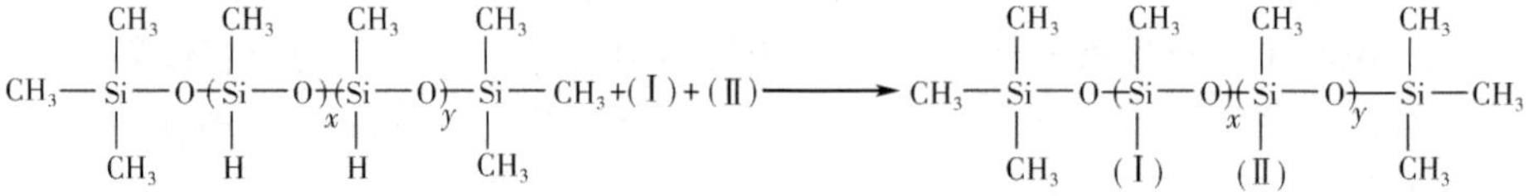

PBT/PP/SLCI-N 共混体系的升降温 DSC 曲线如图 6-15 所示。图 6-15 中 B_0～B_8依次代表 PBT/PP/SLCI-N 系列共混物中含季铵基的液晶离聚物 SLCI-N 的含量为 0、0.5%、1%、3%、5%、7%、9%、11%、15%(质量分数)的样品。由于在共混体系中加入的液晶离聚物的含量相对较少,所以在其 DSC 的升降温曲线上没有看到液晶离聚物的玻璃化转变温度和清亮点转变温度。只有 PP 和 PBT 的熔融温度。由于 PP 和 PBT 都属于结晶聚合物,所以出现有明显的熔融峰。从共混体系的升降温曲线上测得的熔融温度列于表 6-8。从图看到,当 PBT/PP 的体系中加入含有季铵基离子的侧链液晶聚合物时,使得两组分的熔融和结晶温度在升、降温的情况下表现出了不同的变化规律:离聚物的加入对 PP 的熔融和结晶温度影响不大,但使得 PBT 的转变温度降低。在降温过程中离聚物含量相对较高时 PBT 的结晶温度降低得较为明显。液晶离聚物含量为 0.5%(质量分数)时降低了 7.6 ℃,含量为 15%(质量分数)时降低了 13.4 ℃。这说明液晶离聚物的加入减慢了 PBT 的结晶的形成。换句话讲,由于 SLCI-N 的存在,三元共混体系中 PBT 相的链段运动受到了影响,从而导致其结晶困难,结晶温度和完善程度随 SLCI-N 增加而降低。熔融或结晶温度发生了变化。这可能是液晶离聚物分子中侧链季铵盐离子基团和 PBT 分子中的极性基团产生了离子-偶极相互作用导致的。两种并不相容的物质在加入增容剂后其熔融温度或结晶温度相互靠近,说明相容性改善。

表 6-8　PBT/PP/ SLCI-N 共混物的相转变数据

样品	PP/%	PBT(质量分数)/%	SLCI-N(质量分数)/%	T_m(升温)/℃		T_c(降温)/℃	
				PP	PBT	PP	PBT
B_0	30	70	0.0	162.5	225.3	118.5	189.5
B_1	30	70	0.5	165.7	229.1	119.9	181.9
B_2	30	70	1.0	165.7	229.1	120.0	181.9
B_3	30	70	3.0	166.2	227.5	119.3	179.2
B_4	30	70	5.0	166.0	228.5	119.2	176.9
B_5	30	70	7.0	165.8	226.8	117.5	174.7
B_6	30	70	9.0	166.0	225.9	117.5	173.8
B_7	30	70	11.0	165.4	226.3	118.2	174.5
B_8	30	70	15.0	163.9	223.9	119.6	176.1

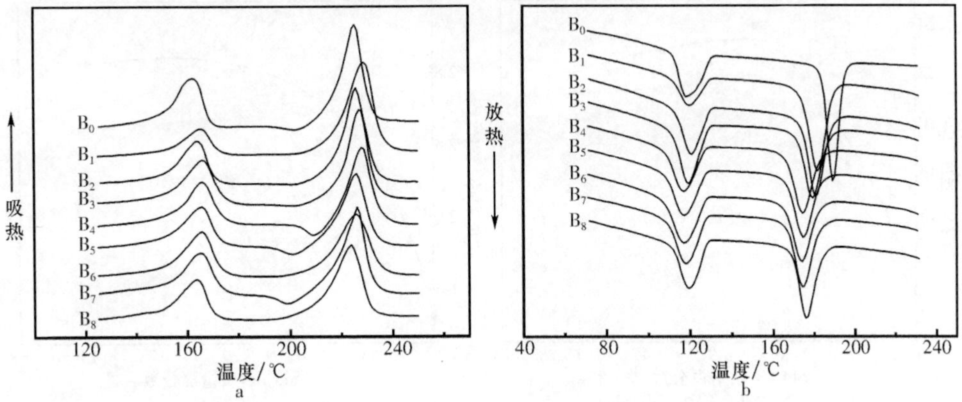

图 6-15　PBT/PP/SLCI-N 共混物的升降温 DSC 曲线

a. 升温曲线；b. 降温曲线

PBT/PP/SLCI-N 共混物力学性能列于表 6-9，其中断裂强度和模量以及断裂伸长率随液晶离聚物的含量的变化趋势见图 6-16。从表 6-9 和图 6-16a 可以看到，在 PBT/PP 的共混体系中加入液晶离聚物后，使得共混物的力学性能也发生了变化。随液晶离聚物的加入量的增加，共混物的拉伸强度快速增加，在液晶离聚物含量为 7.0%（质量分数）左右达到最高值（24 MPa）。之后随着液晶离聚物含量的增加，略有下降，但下降幅度不大。这是液晶离聚物增容和增强共同作用的结果。从图 6-16b 可以看到共混体系的断裂伸长率随液晶离聚物含量增加呈增加趋势。液晶离聚物含量低时，增加较快，液晶离聚物含量超过 9%（质量分数）以后，基本不再变化。可以认为，前期主要是液晶离聚物增容的结果。

表 6-9　PBT/PP/SLCI-N 共混物的力学性能

样品	SLCI-N（质量分数）/%	拉伸强度/MPa	断裂伸长率/%
PBT-PP-SLCI-N-70-30-0.5	0.5	13.7	1.84
PBT-PP-SLCI-N-70-30-1	1.0	17.0	2.14
PBT-PP-SLCI-N-70-30-3	3.0	18.4	2.68
PBT-PP-SLCI-N-70-30-5	5.0	20.5	3.75
PBT-PP-SLCI-N -70-30-7	7.0	24.0	3.69
PBT-PP-SLCI-N-70-30-9	9.0	22.6	4.15
PBT-PP-SLCI-N-70-30-11	11.0	23.0	4.03
PBT-PP-SLCI-N-70-30-15	15.0	22.2	4.12

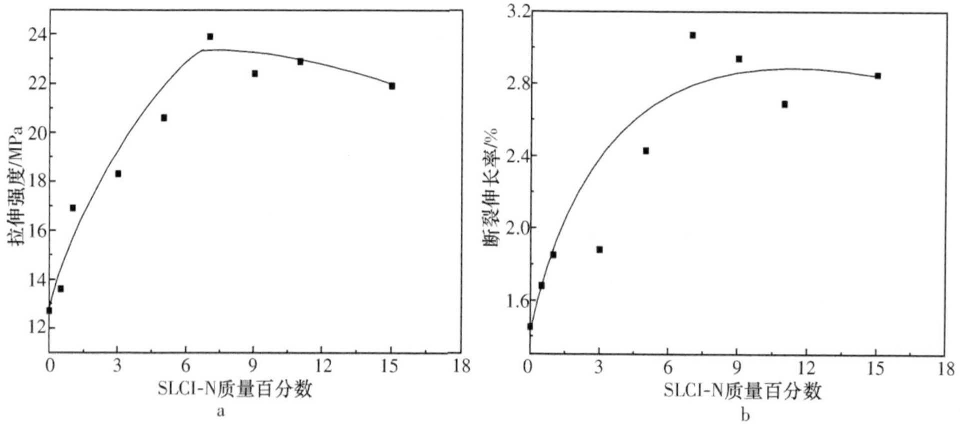

图 6-16　PBT/PP/ SLCI-N 共混物力学性能

a. 拉伸强度;b. 断裂伸长率

图 6-17 为 PBT/PP/SLCI-N 的红外图像谱图。由图 6-17a 中可以看到,分散相 PBT 的相区尺寸较大,而且分散不均匀。当加入 3%(质量分数)的 SLCI-N 的液晶离聚物后(图 6-17c),PBT 的尺寸明显变小,随着 SLCI-N 含量的进一步增加,PBT 的相区直径也越来越小,而且 SLCI-N 包裹在 PBT 相的周围,当 SLCI-N 为

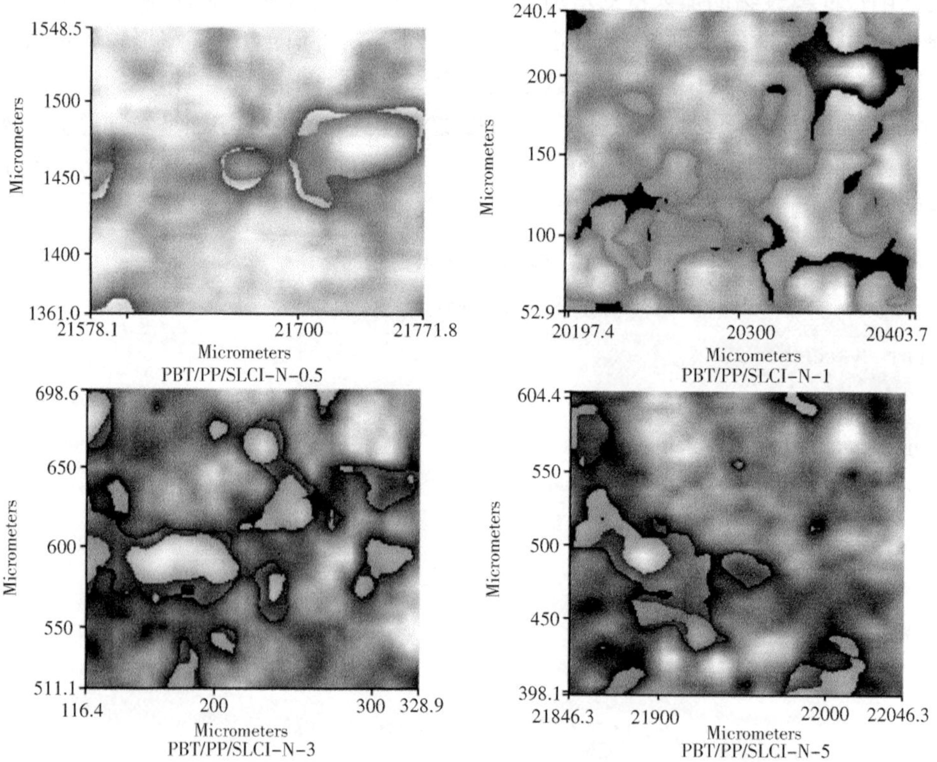

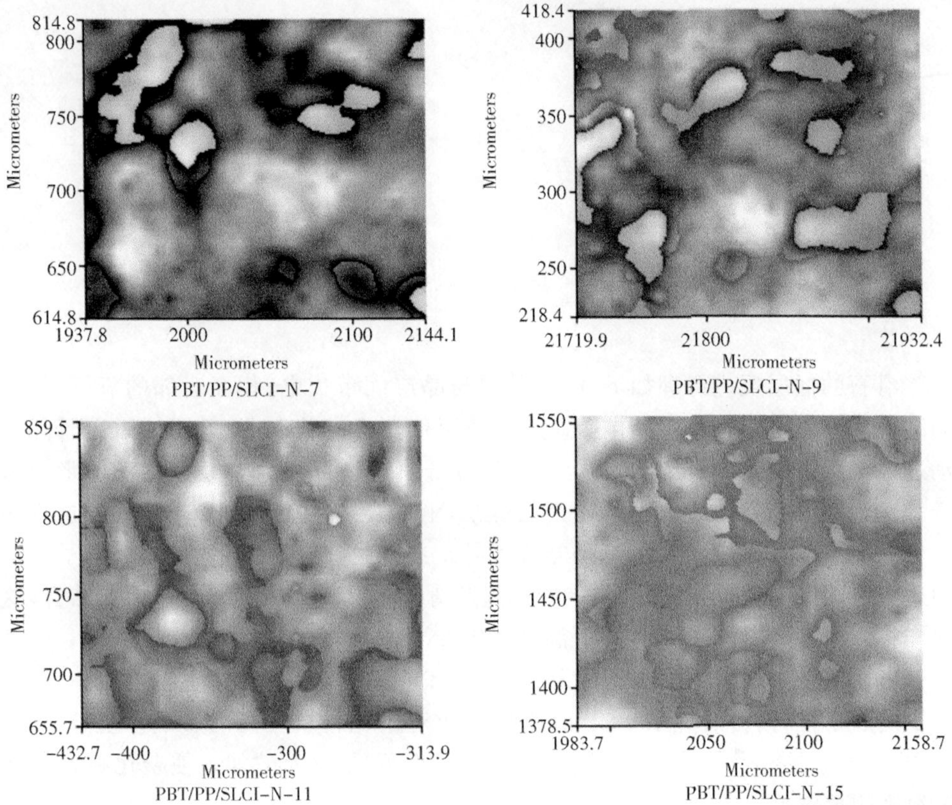

图 6-17　PBT/PP/SLCI-N 系列红外谱图的图层显示(彩图 6)

7%(质量分数)时,PBT 相已基本被包围,即 SLCI-N 组分主要是介于 PBT 和 PP 两相之间,起到了增容的作用。SLCI-N 继续加入,当含量高于 11%(质量分数)时,其自身发生团聚现象,图层中出现单独的 SLCI-N 相。这里观察到的形态变化,与力学性能的变化规律一致。

比较上述几种液晶离聚物对共混体系增容作用的影响可以看出:①共混体系中含有相同离子的液晶离聚物,侧链液晶离聚物要优于主链液晶离聚物;②而对于主链液晶离聚物来说,离子位置在悬链的液晶离聚物要优于离子位置在端基的液晶离聚物;③比较不同离子的液晶离聚物,含磺酸基的液晶离聚物要优于含季铵盐的液晶离聚物,而含季铵盐的液晶离聚物优于含羧基的液晶离聚物。

6.3　含液晶聚合物和离聚物的高分子复合材料

研究了主链液晶聚合物[45,46]对 PA1010/滑石粉(FCP)杂化材料的增容作用。

主链液晶聚合物的分子式如下：

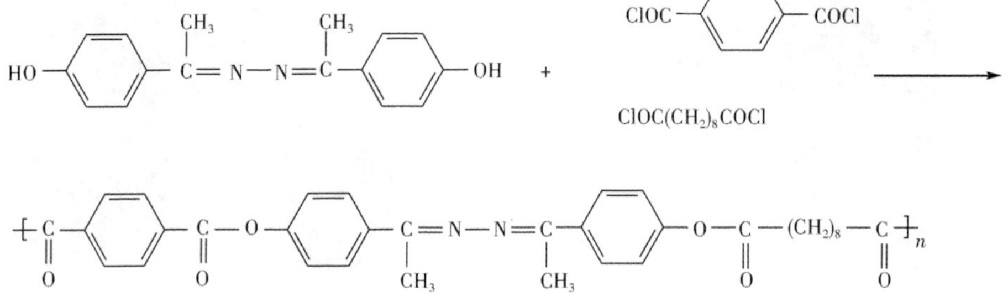

滑石的插层反应机理如下：滑石晶层与晶层间带负电，相互毗邻的氧原子，层间结合并不紧密并有一定的排斥作用。插层剂三乙醇胺在 80 ℃下通过分子热运动进入滑石层间，其端位具有的羟基将与滑石晶面外层的负电氧原子缔合，形成氢键，放出一定的能量 ΔH_1，从而使滑石晶层剥离，层间距增大到 21.5 nm。这将使 LCI 或 LCP、PA1010 的进入变得非常容易。共混物在高温条件下，通过分子热运动进入层间，并与三乙醇胺端位上的羟基及滑石晶层表面的电负性氧原子结合，这同样将放出能量 ΔH_2。上述的等温过程中，$\Delta H_1+\Delta H_2=\Delta H<T\Delta S<0$。

根据实验中观察到的流变行为，选定 LCP 的质量分数为 3%，滑石粉(FCP)用量不同的杂化材料，研究了 FCP 的质量分数对杂化材料性能的影响。表 6-10 为 LCP_1 对杂化材料挤出状态的影响。由表中数据可见 LCP 的加入使杂化材料的挤出温度明显降低 5 ℃，但因 FCP 含量增加，挤出物逐渐变黏稠。FCP 是一种具有层状结构的天然硅酸盐，FCP 在较强极性溶剂三乙醇胺的磷酸酸性溶液中处理后层状表面极性增强，使极性 PA1010 分子链易于吸附在其表面上并有部分插入到 FCP 片层中。LCP 在杂化材料加工温度范围内处于液晶态，液晶态的取向性和流动性降低了 PA1010 基体的熔融黏度，在挤出剪切应力作用下对 PA1010 有增容作用。由于 LCP 相在加工过程中能沿流动方向择优取向，LCP 之间发生滑移而不易产生缠结，故能有效地降低共混物的黏度，因此少量 LCP 的加入可以显著降低杂化材料的加工温度和融体温度，起到加工助剂的作用。使材料易于加工并节约能源，有利于庞大且形状复杂的模具的充模。但是 FCP 含量大于 10%(质量分数)时，LCP 对杂化材料的状态影响较小。

表 6-10　FCP 的质量分数对杂化材料挤出状态的影响

FCP/%	0	2	4	6	8	10	12	14
样品	PA1010	HF_2	HF_4	HF_6	HF_8	HF_{10}	HF_{12}	HF_{14}
状态	条状	流体	流体	流体	流体	流体	黏流	黏流

注：HF_n中 n 为 FCP 在杂化材料中的质量百分含量。

图6-18是PA1010、FCP及杂化材料的广角X射线衍射谱图，由图可见滑石粉在2θ为9.58°和28.70°的位置上出现两个很强的特征峰，对应于(001)和(010)晶面，杂化材料HF_2中FCP的峰位向低位移动，HF_6、HF_{10}、HF_{12}中FCP的峰位001(9.58°)先向高位移动后向低位移动，说明FCP的001晶面间距发生改变，其中HF_{10}的PA1010与FCP组分的峰强及峰位变化较大。前文测定了HF_{10}的SAWS，特征峰位是d_{001}(0.22°)，根据布拉格公式$2d\sin\theta=\lambda$计算出HF_{10}的层间距为40.11 nm。结合广角衍射结果说明杂化材料存在周期排列的层状结构，即聚合物已经插层进入FCP层间。

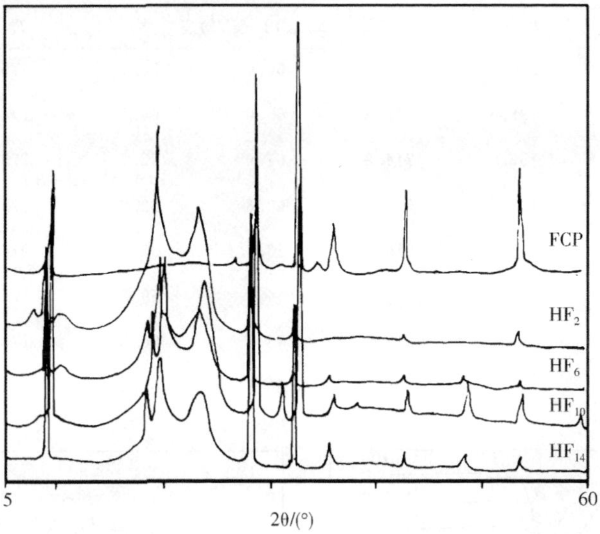

图6-18　FCP和样品HF_2、HF_3、HF_4、HF_6的广角X射线衍射谱图

FCP/PA1010/LCP的升温和降温DSC(图6-19)数据列于表6-11，由表可见升温过程中PA1010的两种常见晶型的吸热峰依然存在($T_{m1}=202$ ℃，$T_{m2}=220$ ℃)，但杂化材料的熔融温度T_m随FCP的加入先下降后升高，原因在于FCP与LCP同时分散在PA1010基体中，在杂化体系中PA1010的分子运动和结晶行为受到FCP的限制，使得PA1010的结晶很不完善，不能长成比较大的球晶结构，所以其熔点先下降；而随FCP无机物含量增加，PA1010插入FCP层间的概率增大，并形成强的相互作用，使熔点升高。

根据DSC测定的熔融热焓值(ΔH_f)，用$X_c=X'_c\omega_{PA1010}+X''_c\omega_{PP}$计算杂化样品中PA1010的结晶度($X_c$)，结果见表6-11。由表可见随FCP含量的增加，杂化样品中PA1010的结晶度先降低后增加，FCP含量为8%(质量分数)时，PA1010的结晶度最低。这说明在LCP的作用下，部分PA1010链段扩散进入FCP层间，

PA1010与FCP层间羟基产生氢键作用力，随FCP无机物含量增加，PA1010插入FCP层间的概率增大，使杂化体系中PA1010的分子运动和结晶行为受到FCP的限制，FCP的含量达8%（质量分数）时插层结构达到饱和。由表6-11中的降温数据可见，杂化材料的结晶温度 T_c 先降低后增高，与纯PA1010相比略有提高，而由 $\Delta T(T_{onset}-T_c)$ 可知，加入FCP小于8%（质量分数）时，PA1010的结晶速率基本没有受到阻滞，在FCP含量大于8%（质量分数）时结晶速率降低。

表6-11　PA1010及杂化材料的DSC测试结果

样品	升温				降温	
	T_{m1}/℃	T_{m2}/℃	ΔH_f/(J·g^{-1})	X_c	T_c/℃	ΔT
PA	200.9	220.2	60.1	58.7	175.6	2.0
HF_2	198.8	215.3	65.0	64.7	174.7	2.1
HF_4	198.7	214.8	61.6	62.7	175.7	2.1
HF_6	197.8	214.0	60.6	63.0	175.3	2.2
HF_8	198.3	215.9	53.3	56.5	174.6	2.3
HF_{10}	198.4	216.2	54.8	59.5	175.8	3.8
HF_{12}	199.0	215.5	54.8	60.8	176.9	3.4
HF_{14}	199.3	216.9	56.0	63.6	177.6	3.4

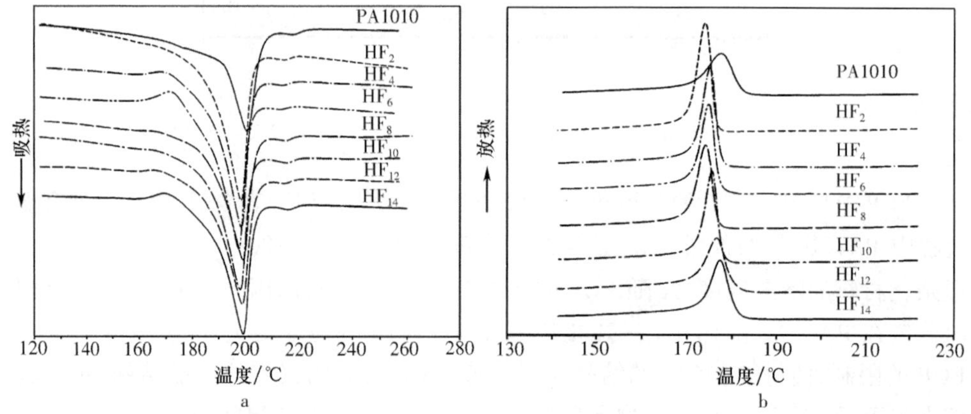

图6-19　FCP/PA1010/LCP复合材料的DSC曲线

a. 升温曲线；b. 降温曲线

图6-20给出了杂化材料的热分解温度与FCP质量分数的关系曲线。从中可以看出，杂化材料的5%和10%热分解温度随FCP质量分数的增加略有升高，但20%的热分解温度已趋于恒定。说明FCP质量分数增加对杂化材料的热稳定性

有一定的提高。原因一方面是无机组分的增加，PA1010基体与滑石粉片层之间存在强的相互作用，滑石粉片层可以起到交联点的作用使基体的耐热性能有明显的改进；另一方面滑石粉片层优良的阻隔性能也有利于杂化材料热稳定性的提高，FCP质量分数的增加使杂化材料的热分解残留量增加。

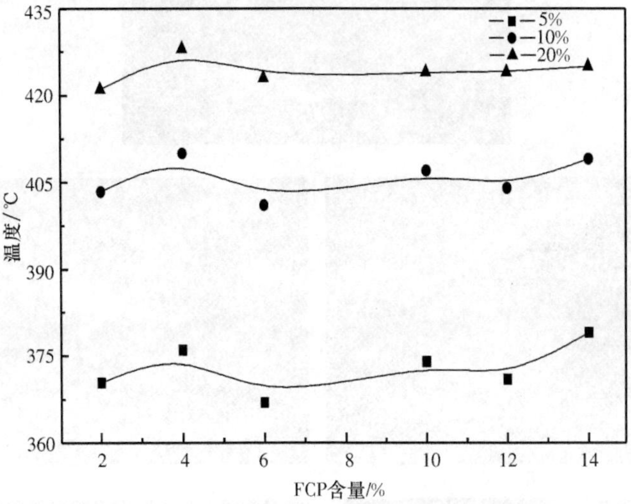

图6-20　杂化材料的热分解温度与FCP质量分数的关系曲线

图6-21是 HF_n 在液氮中脆断的扫描电子显微镜照片，由FCP与PA1010的杂化（图6-21a，HF_0）可见，PA1010基体上FCP脱落的黑洞，尺寸近10 μm，相界面清晰，显示两相黏结力差；HF_4 的照片（图6-21b）上，可见丝网状结构，相界清晰，有少量2 μm左右的小白点分布在基体中；HF_8 的照片（图6-21c）上，较大尺寸的FCP嵌在基体上，可见FCP脱落的洞；HF_{10} 上（图6-21d）比较均匀的相界面更加模糊，一些1 μm以下的小白点均匀地分布在基体中；图6-21e中FCP在基体上均匀地分布，与 HF_{10} 相比，HF_{12} 基体分布更均匀，FCP的相区尺寸更小。

6.3.1　增强材料

纤维增强材料是将纤维状的物质与树脂配合以提高树脂的力学性能，这主要是依赖纤维材料与树脂的牢固黏结，使塑料不能承载的负荷或能量转移到支承的纤维上，负荷从局部传递到较大的范围甚至整个物体。如果两者的黏结性不好，则树脂就不能将承受的应力传递到纤维增强体系中的纤维上，纤维就发挥不了增强作用。我们对PP/碳纤维/SLCI-S_2 复合体系[56]进行了研究，制备了PP/C/SLCI复合材料。实验中，选择碳纤维含量为0.16%（质量分数）的复合材料作为参照物，探讨了液晶离聚物对PP/C体系的作用。

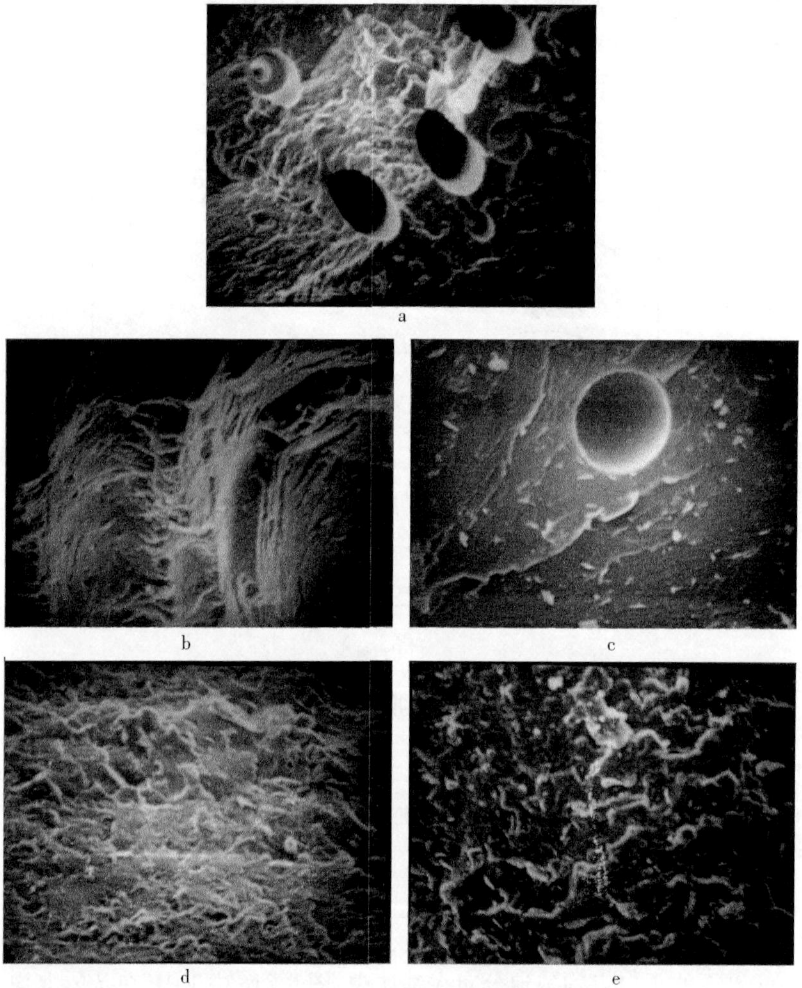

图 6-21　HF_n的扫描电子显微镜照片

a. HF_0；b. HF_4；c. HF_8；d. HF_{10}；e. HF_{12}

图 6-22a 是加入液晶离聚物的 PP/C/SLCI 复合材料随液晶离聚物含量的增加，拉伸强度变化的曲线图。随着液晶离聚物含量的增加，共混物的拉伸强度呈增加趋势。这说明液晶离聚物的加入，对复合材料体系起到了增容和增强的作用。

从图 6-22b 是断裂伸长率与 SLCI 的质量分数的关系，随着液晶离聚物含量的增加，共混物的断裂伸长率也呈增加趋势。这说明液晶离聚物的加入，延缓了材料的断裂进程，断裂伸长率增加了，当液晶离聚物的含量达到 3.0%（质量分数）后，伸长率的变换减缓。为了进一步探讨材料的力学性能的变化原因，我们还进行了材料的微观形貌分析。

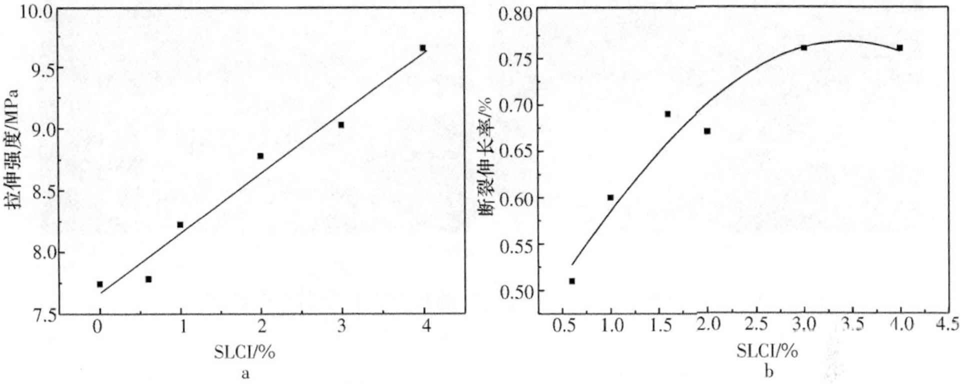

图 6-22　PP/C/SLCI 复合材料的力学性能与 SLCI 质量分数的关系

a. 拉伸强度；b. 断裂伸长率

观察了加入液晶离聚物的复合体系的微观形貌，并与 PP/C 体系进行了比较，结果如图 6-23 所示。从图中可以看出，在没加液晶离聚物的照片上，可以看到纤维表面很光洁，纤维周围的介质表面相对也较平滑，PP 的连续相趋向于自身聚集，说明纤维表面与聚丙烯介质的黏结力不是很好(图 6-22a)。而在共混物中加入含有离子基团的液晶离聚物的共混物的表面则不同。首先可以看到纤维表面显得略微粗糙一些，其表面粘连上一些物质，同时，在非纤维的区域内可以看到，表面明显变得粗糙、凸凹不平(图 6-22b、图 6-22c、图 6-22d)，这是连续相表面张力减小的表现，液晶离聚物的加入使得共混物中纤维和聚丙烯的界面以及聚丙烯连续相的张力发生了变化。

a　　　　b

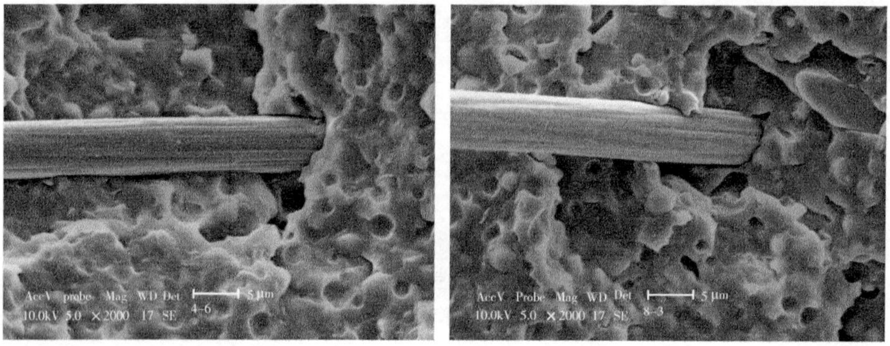

c　　　　　　　　d

图 6-23　PP/C/SLCI复合材料的扫描电镜照片(× 2000)

a. 0.0；b. 1.0；c. 2.0；d. 4.0

图 6-24 为 PP/C/SLCI 复合物的偏光显微照片。当温度升高至 PP 的熔融温度(166 ℃)时，PP 相开始熔融，亮的区域为加入的液晶离聚物处于液晶态的织构(图 6-24a)，当温度降至室温时，可以看到已结晶的 PP 和分散的 C 纤维(图6-24b)，说明在加工温度时，液晶离聚物处于液晶态。

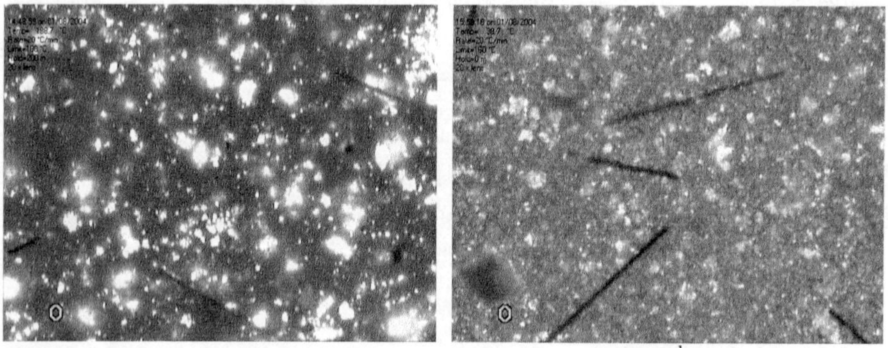

a　　　　　　　　b

图 6-24　PP/C/SLCI共混物的偏光显微照片

a. 188 ℃；b. 38.7 ℃

由于液晶离聚物具有液晶、离聚物的双重性能，或液晶、离子和聚合物的三重性能，有液晶链段的取向性、离子基团的胶束，可以形成非共价键的网络，同时还具有聚合物的可加工性，用于共混；具有离聚物的增容作用，同时它还具有液晶的刚性结构，在材料中起到增强作用，在挤出加工时，液晶的取向作用降低加工温度，改善加工性能，起到增容、增强和降低加工温度的多种作用，因此液晶离聚物是一类新型聚合物加工助剂，广泛应用于压电、光变、导电材料、液晶显示、油漆、涂料、高性能复合材料等领域，将有极大的市场潜力。

参考文献

[1] Eisenberg A, Hara M. A review of miscibility enhancement via ion-dipole interaction. Polymer Engineering Science, 1984, 24(17): 1306～1311

[2] Dutta D, Weiss R A. Compatibilization of blends containing thermotropic liquid crystalline polymers with sulfonate ionomers. Polymer, 1996, 37(3): 429～435

[3] Weiss R A, Lu X. Phase behaviour of blends of nylon 6 and-lightly sulfonated Polystyrene ionomers. Polymer, 1994, 35 (9): 1963～1969

[4] Jackson D A, Koberstein J T, Weiss R A. Small-angle X-ray scattering studies of zinc stearate-filled sulfonated poly (ethylene-co-propylene-co-ethylidene norbornene) ionomers. Journal of Polymer Science, 1999, 37(21): 3141～3150

[5] Weiss R A, Turner SR et al. Sulfonated polystyrene ionomers prepared by emulsion copolymerization of styrene and sodium styrene sulfonate. Journal of Polymer Science: Polymer Chemistry, 1985, 23(3): 525～533

[6] Weiss R A, Ghebremeskel Y. Miscible blends of a thermotropic liquid crystalline polymer and sulfonated polystyrene ionomers. Polymer, 2000, 41(9): 3471～3477

[7] Lee H S, Weiss R A. Miscible blends of a liquid crystalline polymer and a sulfonated polystyrene ionomer. Polymer Preprints, 2000, 41(2): 1157～1158

[8] Zhang H, Weiss R A, Kuder J E et al. Reactive compatibilization of blends containing liquid crystalline polymers. Polymer, 2000, 41: 3069～3082

[9] Fitzgerald J J, Weiss R A. Synthesis, properties and structure of sulfonate Ionomers. J Macromolecular Science, Reviews Macromolecular Chemistry Physics, 1988, C28(1), 99～185

[10] Lundberg R D, Phillips R R, Peiffer D G. Solution behavior of sulfonate ionomers interpolymer complexes. J Polymer Science, Part B: Polymer phys, 1989, 27: 245～259

[11] Lundberg R D, Makowski H S. Solution behaviour of ionomers l. metal sulfonate ionomers in mixed solvents. J Polymer Science, Polymer phys Edit, 1980, 18: 1821～1836

[12] Tharanikkarasu K, Rajalingam P, Radhakrishnan G. Effect of ionic concentration and counterion on properties of poly (vinyloxyacetic acid). Polymer, 1992, 33 (17): 3643～3646

[13] Ramesh S, Radhakrishnan G. Synthesis and characterization of polvurethane ionomers using new ionic diol. Macromolecular Reports, 1993, A30 (Suppls. 3, 4), 251～260

[14] Kakati D K, Godain R et al. New polyurethane ionomers containing phosphonate groups. Polymer, 1994, 35(2): 398～405

[15] Tiera M, Neumann M G Brazil. A fluorescence probe study of low molecular weight poly(methallyl sulfonate vinyl acetate) copolymers. J M S Pure Appl Chem, 1992, A29(8): 689～698

[16] Percee V, Wang C S. Synthesis and characterization of polymethacrylates, polyacrylates, and poly(methylsiloxane)s containing 4-[S -)-2-methyl- 1 -butoxyt-4 ,- (co-alkanyl-l-Oxy)-ix-methylstillbene sid groups. J M S Pure Appl Chem, 1992, 29(2), 99～121

[17] Eisenberg A, Navratill M. Ion clustering and viscoelastic relaxation in styrene-based ionomers: IV. X-ray and dynamic mechanical studies. Macromolecules, 1974, 7(1): 90～94

[18] Harand M, Eisenberg A. Miscibility enhancement via ion-dipole interactions. I. polyestyrene ionomer

model for the clustering of multiplets in ionomers. Macromolecules, 1984, 17(7): 1335～1340

[19] Rutkowska M, Eisenberg A. Ion pair-ion pair and ion-dipole interaction in polyurethane-styrene blends. J Applied Polymer Science, 1985, 30: 3317～3323

[20] Cochin D, Passmann M, Wilbert G et al. Layered nanostructures with LC-polymers, polyelectrolytes, and inorganics. Macromolecules, 1997, 30: 4775～4779

[21] Weiss R A, Lefelar J A. The influence of thermal history on the small-angle X-ray scatting of sulphonated polystryrene ionomers. Polymer, 1986, 7(1): 3～10

[22] Peiffer D G, Weiss R A et al. Microphase separation in sulfonated polystyrene ionomers. J Polymer Science Polymer Physics Ed, 1982, 20: 1503～1509

[23] Weiss R A, Beretta C et al. Miscibility enhancement of polystyrene and poly(aldylene oxide) blends using specific intermolecular interactions. J Polymer Science, 1990, 41: 94～105

[24] 刘杰，何嘉松. 引入离子基团改善聚苯乙烯和热致液晶聚合物的相容性 Ⅰ 热性能和形态. 高分子学报，1998: 196～202

[25] 刘杰，何嘉松. 离聚物对含液晶聚合物聚砜体系的增容作用. 高分子学报，1996: 506～508

[26] 周春林，张中权，江明. 离聚物及其共混体系的研究 Ⅰ 聚合物链引入同种离子的增容作用. 高分子学报，1994, 4: 463～471

[27] 周春林，张中权，江明. 离聚物及其共混体系的研究 Ⅱ 配位络合和质子转移对共混体系的增容作用. 高分子学报，1995, 3: 257～263

[28] 冯克，欧阳巍，李卓美. EPDM 磺酸盐离聚体溶液粘度行为的研究. 中山大学学报(自然科学版)，1993, 32, (1): 58～61

[29] 冯克，欧阳巍，李卓美等. 乙丙三元共聚物磺酸锰离聚体溶液中离子的相互作用. 高等学校化学学报，1993, 14, (6): 883～885

[30] Yarusso D J, Cooper S L. Microstructure of ionomers: interpretation of small-angle X-ray scattering data. Macromolecules, 1983, 16: 1871～1879

[31] Zheng L Z, Eisenberg A. Ionomeric blends II compatibility and dynamic mechanical properties of sulfonated cis-1, 4-polyisoprenes and styrene/4-vinylpyridine copolymer blends. J Polymer Science Polymer Physics, 1983, 21: 595～603

[32] Zhang X, Eisenberg A. NMR and dynamic mechanical studies of miscibility enhancement via ionoc interaction via polystyrene/poly (ethyl acrylate) blends. J Polymer Science Polymer Physics, 1990, 28: 1841～1857

[33] Zhang H, Kuder J E, Cangiano D et al. Compatibilization of PP/vectra B "in situ" composites by means of an ionomer. Polymer, 2000, 41(16): 6311～6321

[34] Peiffer D G, Weiss R A et al. Microphase separation in sulfonated polystyrene ionomers. J Polymer Science Polymer Physics Ed, 1982, 20: 1503～1509

[35] Kiss G. In situ composites: blends of isotropic polymers and thermotropic liquid crystalline polymers. Polymer Engineering and Science, 1987, 27(6): 410～423

[36] Chiou Y P, Chiou K C, Chang F C. In situ sompatibilized polypropylene/liquid crystalline polymer blends. Polymer, 1996, 37(18): 4099～4106

[37] Laivins G V. Analysis of the interactions in an situ composite poly (alkytlene terephthates) reinforced with thermotropic liquid crystalline polyesters. Macromolecules, 1989, 22: 3974～3980

[38] Li R K Y, Tjong S C, Xie C L. The structure and physical properties of in situ composites based on semi-

flexible thermotropic liquid crystalline copolyesteramide and poly (butylene terephthalate). Journal of Polymer Science Part B: Polymer Physics,2000,38(3): 403～414
[39] Seo Y,Kim B,Kim K U.Structure development during flow of ternary blends of a polyamide (nylon 66), a thermotropic liquid crystalline polymer (poly(ester amide)) and a functionalized polypropylene. Polymer,1999,40(6):4483～4492
[40] Huan L L,Zhao Y. An easy way of preparing side-chain liquid crystalline ionomers. Polym. Bulletin, 1993,37:645～649
[41] Zhao Y,Huan L L. Side-chain liquid crystalline ionomer. 1. Preparation through alkaline hydrolysis and characterization. Macromolecules,1994,27(16): 4525～4529
[42] Yuan G X,Zhao Y. Side-chain liquid crystalline ionomers: 3. Stress-induced orientation in blends with poly(vinyl chloride) as matrix. Polymer,1995,36(14): 2725～2732
[43] Zhang B Y,Xu X Y et al. Compatibilization of PBT/PP blends by adding main-chain liquid crystalline ionmer with carboxyl group. Submitted
[44] Zhang B Y,Xu X Y. Compatigbilization of PBT/PP blends by adding side-chain liquid crystalline ionmer with carboxyl group. Submitted
[45] 张爱玲,张宝砚,吕凤柱等.液晶聚合物对PA1010/滑石粉杂化材料增容作用的研究.高分子材料科学与工程,2003,19(1),136～139
[46] 张爱玲,张宝砚,吕凤柱.液晶聚合物/PA1010/滑石粉杂化材料的研究.东北大学学报(自然科学版),2002,23 (1):99～101
[47] Zhang A L,Zhang B Y,Feng Z L. Compatibilization by main-chain thermotropic liquid crystalline ionomer of blends of PBT/PP. Journal of Applied Polymer Science,2002,85(5): 1110～1117
[48] 张爱玲,张宝砚,封文娟等.主链液晶离聚物/ PA1010/ PP 共混合金的力学性能及热行为 .东北大学学报(自然科学版),2002,23(2):199～202
[49] Zhang B Y,Weiss R A. Liquid crystalline ionomers. I. main-chain liqiud crystalline polymer containing pendant sulfonate groups. J Polymer Science: Part A: Polymer Chemistry,1992,30: 91～97
[50] Zhang B Y,Weiss R A. Liquid crystalline ionomers. II. main chain liquid crystalline polymers with terminal sulfonate groups. J Polymer Science: Part A: Polymer Chemistry,1992,30: 89～996
[51] Zhi J G,Zhang B Y,Wu Y Y et al. Study on a series of main-chain liquid-crystalline ionomers containing sulfonate groups. Journal of Applied Polymer Science,2001,81(9): 2210～2218
[52] Xux Y,Zhang B Y,Wang X M et al. Effect of main-chain liquid crystalline ionomer containing sulphonate group on compatibilization of PBT/PP Blends. Submitted
[53] Li Y M,Zhang B Y,Feng Z L et al. Compatibilization of side-chain, thermotropic, liquid-crystalline ionomers to blends of polyamide-1010 and polypropylene. Journal of Applied Polymer Science, 2002, 83: 2749～2754
[54] Zhang B Y,Sun Q J,Li Q Y et al. Thermal, morphological and mechanical characteristics of polypropylene/polybutylene terephthalate blends with a liquid crystalline polymer or ionomer. Journal of Applied Polymer Science,2006,102(5): 4712～4719
[55] Zhang B Y,Xu X Y,Wang J H et al. Compatibilization of PBT/PP blends by adding side-chain liquid crystalline ionomer with quaternary ammonium salt groups. Submitted
[56] 孙秋菊.侧链液晶离聚物及其共混材料的研究.沈阳:东北大学博士论文,2006

彩 图

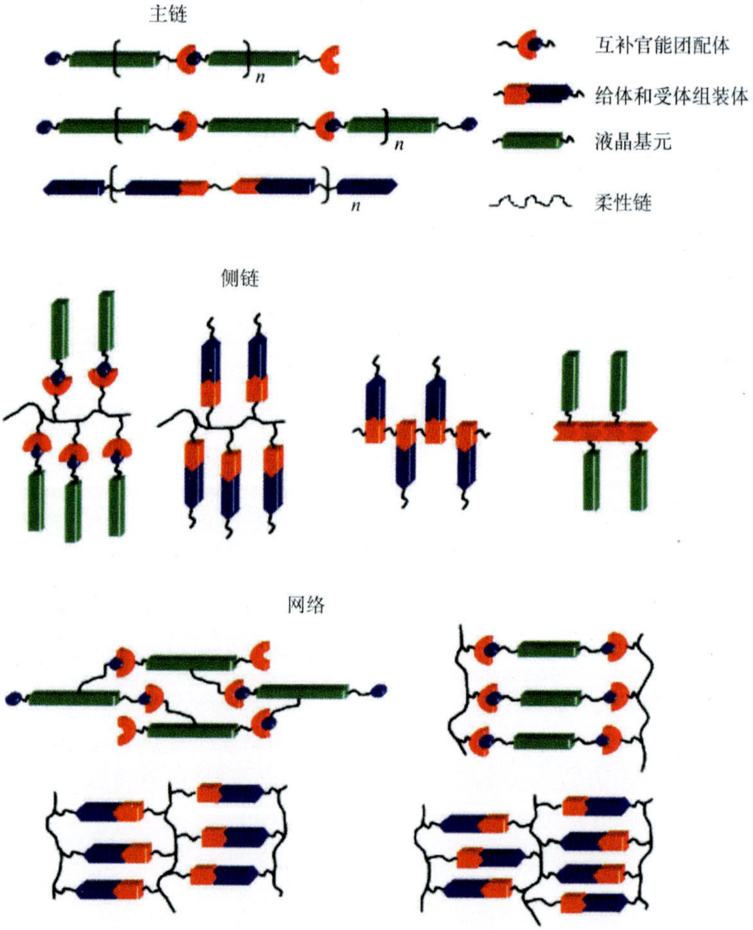

彩图1（说明见正文84页图5-1）